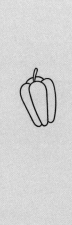

BLW 寶寶主導式
離乳法基礎入門 暢銷修訂版

順應寶寶天性的進食法，讓孩子自然學會吃！

Baby-led Weaning:Helping Your Baby to Love Good Food

英國BLW嬰兒餵養（固體食物）研創者＆頂尖權威

吉兒‧瑞普利（Gill Rapley）＆

崔西‧穆爾凱特（Tracey Murkett）◎著

陳芳智 ◎譯

新手父母

CONTENTS

 第 **1** 章　**認識寶寶主導式離乳法**

第**2**章 寶寶主導式離乳法，是怎麼進行的？

 CONTENTS

 開始：讓寶寶主導離乳

第**3**章

最初的食物

 CONTENTS

 初期之後

第6章　寶寶主導式離乳法與全家的生活

7

CONTENTS

 全家人的健康飲食
第7章

 常見問題集錦
第8章

　　本書中的資訊與所述的特定性主題相關,以一般性的指導原則進行編纂,但在特定的環境與特定的地點中,無法被用來取代或作為醫療、健康照護、用藥或其他專業性的忠告。家長對自己孩子的健康或發育若有疑慮,在改變、停止或開始任何治療行為之前,都請與兒科醫師、營養師或其他健康照護執行人員進行諮詢。

　　就作者在 2008 年 8 月之前所知,本書提供的資訊正確。然慣例、法條、規定及推薦與時俱變,讀者在此類問題上,應取得最新專業意見。在法律容許範圍內,作者與出版商不承擔因使用、或誤用本書中之資訊所引起的任何直接或間接責任。

　　本書非小說創作。但範例中所採部分人名因保護隱私之故而有所更改。

〔致謝〕

　　感謝貢獻想法、經驗、評論與智慧讓本書得以寫就出
版的各位。特別感謝 Jessica Figueras、 Hazel　 Jones、Sam
Padain、 Gabrielle　 Palmer、 Magda Sachs、Mary　Smale、
Alison　Spiro、Sarah Squires 和 Carol　Williams。這幾位在
初稿、見解、 支援與激勵上，都給我們極有價值的回饋。

　　特別感謝許多寄給我們寶寶進行食物冒險照片的家長們
──希望我們已經沒有遺漏的全部採用了。

　　一併感謝我們的編輯 Julia　Kellaway ，感謝她的耐心與
包容。

　　最後，我們要感謝家人在我們寫作時持續不斷的支持，
從草稿的閱讀到攝影、幫忙照顧寶寶、以及沖茶的種種幫助。
特別是我們的伴侶應該獲頒一枚獎章。

　　本書是為了我們的孩子而寫，他們一直讓我們受教良
多。

由寶寶主導
同時需注意寶寶的生長發育

| 葉勝雄醫師

　　副食品有很多種派別，循序漸進的方式容易推廣與遵循——如果寶寶願意配合的話。換個場景，如果精心準備的副食品，寶寶都不吃，那麼家長除了擔心之外，可能還會有點生氣。

　　這時，寶寶主導式離乳法（BLW）的出現，彷彿是一種救贖。但在執行 BLW 之前，家長要先想清楚，不要純粹因為寶寶吃太少副食品而改用 BLW，因為 BLW 的精神就是由寶寶主導。而寶寶主導的結果，在你的感覺可能還是吃太少。

　　跨到 BLW，最重要的是改變爸媽的心態，不會為了吃多吃少而擔憂，或因而產生不好的情緒。

　　不過要注意，和西方不一樣，台灣小孩從四個月大開始厭奶的情形很常見。萬一 BLW 真的吃太少，又無法從奶類滿足基本的需求，還是需要醫師從旁協助評估，注意寶寶的生長發育。

BLW 有幾個觀念可能會和目前推行的方式略有不同，例如六個月大開始吃副食品。這類的建議改了又改，現在的主流又傾向從四個月開始了。採取 BLW 的，很多同時是純母乳寶寶，因此要特別注意維生素 D 和鐵質的攝取。

　　另外，不是直接用手拿著吃就是 BLW，也不是說用湯匙餵就不是 BLW，重點是在於是否由寶寶主導。同樣的，泥狀食物也並非絕對不可，重點是在於是否有給予寶寶吃固體食物的機會。

　　這本書站在很中性的角度討論 BLW（而不是教條式），即使你並沒有要採用 BLW 的方式，還是可以閱讀看看別人怎麼想？怎麼做？如果你想要或正在採用 BLW 的方式，那麼這本書提供你很多過來人的經驗，讓你感覺更踏實。不過，正如同書裡常提到的，如果覺得有任何疑問，還是可以請教你的醫生。

　　其實，副食品的派別並不一定要壁壘分明，就像你喜歡聽流行樂，但偶爾還是聽聽古典樂或爵士，放輕鬆一點吧！

尊重寶寶的選擇：
他不想被餵，他想自己吃

| **芋圓媽** BLW 社團團長 (BLW 資歷 4 年)

　　跟全天下大部分的新手媽媽一樣，我也是懷孕了之後才開始學習怎麼當媽。2012 年我懷孕時收到一本來自澳洲的母嬰雜誌，裡頭寫滿許多對我來說前所未聞的新知識，像是月亮杯、胎盤膠囊等等，其中，也包括了 BLW。

　　當時肚裡的小芋圓根本還沒出生，副食品這個階段離我還太遙遠，就只是看過去而已。後來小芋圓滿六個月進入副食品階段，我照當時網路上台灣最盛行的方式從 10 倍粥開始餵起，誰知道他根本不賞臉，一整個禮拜也吃不到 10ml ！於是我想起了 BLW，上網搜尋相關資訊並緊急從 Amazon 訂購 Gill Rapley 博士出版的兩本書籍後，自小芋圓六個月十一天大起，開始了我們的 BLW 之路。

　　現在想來當時選擇怎麼進行副食品的並不是我，而是小芋圓。是孩子很明確地告訴了我：他不想被餵，他想自己吃。幸運的是我曾經閱讀過類似資訊，知道副食品還有另一條路，得以尊重他的選擇。

開始 BLW 之後最明顯的是，以往用餐時的緊張高氣壓消失得無影無蹤，小芋圓與我都能夠盡情地放鬆並享受每次一起的用餐時光！他吃飯都好開心，我也樂得拿相機記錄他花招百出的創意吃法，還有吃得滿頭滿臉的災難模樣──相信我，那真的很可愛呀！小芋圓實際執行的情況對照書中所寫的幾乎吻合，像是八個月左右開始懂得食物能夠帶給他飽足感而開始增加吃進去的量，以及能夠親眼見證他手眼協調及捏取食物技巧的進步，再再都給了我很大的信心，慶幸當初自己選擇相信小芋圓是正確的！

兩年半後妹妹小禮券要開始副食品時，我更是完全不作它想，當然就直接選擇了 BLW。其實不只是寶寶受益，在執行 BLW 以後，就連我先生和我的飲食也都跟著變得更健康了！因為 BLW 強調要給寶寶原型食物，同時鼓勵家長和寶寶同桌共餐，無形中連大人都降低了很多吃加工食品、垃圾食物與市售零食的機會，久而久之習慣成自然，家中的食物來源以及料理方式都變得更健康了呢！

「吃」是攸關一個人身體健康，足以影響一輩子的事。所有的家長都明瞭這一點，所以寶寶要進入副食品階段，新手爸媽們無不戰戰兢兢如履薄冰，務求能在一開始就建立起寶寶良好的飲食習慣，奠定日後長久擁有健康身體的基礎。但事實上寶寶比我們以為的還清楚他們自己需要什麼，進食是一種生物本能，是造物主創造生命時就埋藏在我們基因裡，數千年演化仍不變的本能。

我堅信:「越接近原始自然的方法,越是好方法」就像近幾年開始被大力推廣的母乳親餵一樣,最棒、最好、最適合寶寶的方式,就掌握在寶寶自己手上——寶寶天生就懂得替自己決定要不要吃?吃什麼?吃多少還有吃多快?只要願意相信他,給他機會,他會證明給妳看!

執行 BLW 的過程當然不總是那麼地順遂,我當年也遇過許多阻力,最大的原因來自於我們的社會與周遭的親友還不是很瞭解 BLW ──更多的是根本完全沒聽過 BLW,或者一知半解。我很高興在台灣終於有正式原著中文版發行。感謝城邦新手父母出版社的用心,讓更多還未認識、但有興趣認識 BLW 的新手爸媽,可以更方便、容易地吸收 BLW 的正確資訊;也讓已經認識、甚或正在執行 BLW 的家長,過程中有參考依據能夠更為放心。越多人能夠懂得 BLW 的精神與美好,就會有越多快樂的爸媽和寶寶,造福更多的家庭。

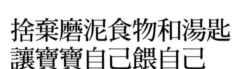

捨棄磨泥食物和湯匙
讓寶寶自己餵自己

　　對許多父母來說，寶寶第一次是吃固體食物是一個里程碑——是寶寶人生中的新篇章，很是令人興奮。寶寶吃第一口食物時，爸爸媽媽低頭祈願，希望寶寶會是一個「好吃客」，能享受食物、吃得健康，一家人能擁有一段輕鬆、無壓力的用餐時光。

　　但是許多父母親卻發現，寶寶吃固體食物的前幾年，對寶寶和父母來說都不太有趣。爸媽因為許多共通的問題而煩惱，無論是讓寶寶接受粥狀食物（有軟爛固形食物的粥）、對付挑食毛病、或是和這些學步小兒進行進食戰爭。很多家庭乾脆把用餐時間隔開，也準備不同的食物給成人和孩子。

　　大部分的寶寶都是在父母親選定的日子開始他們長大後的進食之旅，用湯匙被餵食最初幾口磨成泥狀的食物。但是，如果你不想這麼做呢？如果你想讓寶寶自己決定何時開始吃固體食物，怎麼吃呢？如果你讓寶寶自己處理「適合」的食物，而不是一湯匙一湯匙餵他呢？換句話說，如果你讓你的寶寶進行主導呢？

　　就和許多家庭一樣，你和寶寶幾乎可以確定一定會覺得整個探險過程非常有趣。當他準備好要開始時，會讓你知道，他也

會從一開始就來分享你碗盤中的食物。寶寶會用品嚐和測試的方式，以及自己餵自己的方式，學習健康家庭食物的種種，他們會去吃真正的食物，不必壓碎或磨成泥。而且，這樣的事情，大約從六個月以後就可以做到了。

寶寶主導式離乳法（Baby-led weaning，簡稱 BLW）可以讓寶寶培養咀嚼技巧、手的靈敏度、以及手眼的協調性。在你的幫助下，他還會發現範圍更廣泛的健康食物，並學到重要的社交技巧。他會只攝取所需要的分量，讓自己長大後，較不容易有體重過重的情況發生。但是，在這一切之中，最重要的是，他會非常享受。因此，用餐時光對他而言就是既快樂又自信的了。

BLW 安全、自然又簡單——而且和教養時大多數的好主意一樣，這不是個新的方式。世界各地的父母親只要觀察自己的寶寶，就能發現這一點。不管你的寶寶是餵母乳、喝嬰兒配方奶或是兩者混合，BLW 都能發揮作用。根據 BLW 和湯匙餵食法都採用過的父母的說法，讓寶寶自己主導，就各方面來說都容易得多、也比較愉快。

當然了，再沒有比從寶寶六個月起就給他適合手抓的食物更具革命性的事了。BLW 的差異之處就在於寶寶只有手抓食物（或稱手指食物），磨泥食物、湯匙餵食都成為過去之事。

本書就要告訴你，為什麼用 BLW 介紹固體食物給寶寶，合乎邏輯，為什麼信任寶寶的技巧與直覺很有道理。書裡面也會提

供一些實用的提示，讓你可以開始，並降低期望值。讓你入門，得知無壓力教養法中最好的秘密之一。

BLW 沒有計畫可以遵循，也沒有階段要去完成。寶寶不必一路經歷磨得滑順的食物泥、壓碎的食物和粥狀食品，才能被允許吃到「真正」的食物——你也不必非得去遵循複雜的進餐日程表。你只要放輕鬆，好好享受寶寶的食物冒險之旅就夠了。

大多數介紹固體食物的書籍裡面都有食譜和菜單計畫表，本書則不同。這本書側重於介紹「如何」讓寶寶自己餵自己，而不是給他「吃什麼」。會預先規劃「寶寶的餐食」代表寶寶不能吃一般的家庭食物，或是他們吃的東西必需另行準備。但是所有健康烹飪書裡的菜色幾乎都能簡單的進行調整，讓你六個月大的寶寶也能享用。只要你們自己的餐飲是營養又健康的，那麼就沒必要把食譜分開。

話說回來，我們在書裡還是提供了一些可以優先提供的好食物，以及應該要避免的食物，好幫助你入手。由於許多家長也把 BLW 當作檢視自己與全家飲食是否健康又均衡的機會，所以我們也提供了一些指導性的原則來幫助你確認這一點。所以如果你是靠著垃圾食物或熟食過日子的，你可以利用本書來幫助你改正過來。

BLW 對你和寶寶來說很有樂趣。如果你沒見過其他寶寶以這種方式開始攝取固體食物，那麼寶寶學會熟練處理不同食物的

速度、以及和其他寶寶相較之下,勇於嘗試新食物的程度,可能都會讓你大為驚奇。幫自己做事情,寶寶「比較快樂」,這也有助於他們的學習。

在我們撰寫本書時,許多曾用過 BLW 的父母親都把他們的經驗與我們分享,幫助我們寫書。有些是過去就發現要以湯匙餵養蠻困難的,有些是在他們六個月大的寶寶拒絕以湯匙餵養,他們受挫之後,才轉而採用 BLW 的。有些是新手父母,被 BLW 在引介固體食物時溫和、又有道理的名聲所吸引。我們不斷重複聽到的是他們的寶寶絕對是喜歡這種方式的,而他們變得開心,一起吃飯,也持續這樣保持下去。

我們希望本書能幫助你發現要轉換成全家一起用餐有多容易,利用 BLW 可以提供寶寶一個基礎,讓他們一輩子都能健康、愉快的用餐。

注意:在英文版中提到寶寶時,為求公平起見,在不同的章節裡,男孩女孩會交換使用。其實,男孩女孩沒什麼不同的。在中文版本中就不特別區分性別了。

第1章

認識
寶寶主導式離乳法

> 「對大多數的家長而言，用餐時間似乎會變成一個夢魘。但是跟愛蜜莉一起，這場大戰卻是我們不必去面對的。我們真的很享受用餐的時間。食物完全不是問題。」
>
> 潔絲，兩歲大愛蜜莉的媽媽

> 「當餐桌上的每一個人都在吃相同的東西時，要將這個食物引介給寶寶就容易多了。我完全不用擔心，班恩會以我用湯匙餵其他人時的方式吃東西。這樣的感覺非常自然，樂趣也高很多。」
>
> 珊，八歲大貝拉、五歲大艾力以及八個月大班恩的媽媽

什麼是離乳？

　　離乳，或慣稱斷奶，是寶寶從母乳或嬰兒配方奶是唯一食物，變成完全不喝奶的漸進式改變過程。這個改變至少要花上六個月，甚至長達數年，特別是餵母乳的寶寶。本書描述的是離乳過程的開始，也就是從寶寶開始吃第一口固體食物（或稱副食品、離乳食）開始。

這些最初的固體食物——有時也叫做副食品——並不是要完全取代母乳或是嬰兒配方奶的，固體食物只是增加的（或是「補充的」），這樣一來，寶寶的飲食就會漸漸更多樣化。

在大多數家庭中，離乳是由父母親主導的。當父母開始用湯匙餵寶寶時，他們就決定了寶寶何時、以及如何開始吃他的固體食物。當他們停止母乳的哺育或是停餵奶瓶時，也就決定了終止餵奶的時間。你可以將這種方式稱為父母主導式離乳法。而寶寶主導式離乳法（下簡稱 BLW）不一樣，它是由寶寶用自己的直覺和能力來領導整個過程的，寶寶會決定什麼時候應該開始離乳，何時完成。雖說這聽起來挺奇怪的，但是當你仔細去觀察寶寶的成長發展方式時，就會覺得這樣做，實在太有道理了。

 ## 寶寶主導式離乳法就是不同

想到介紹第一口固體食物給寶寶吃時，大家腦中出現的畫面都是大人用湯匙一口一口把磨成泥的胡蘿蔔或蘋果餵給寶寶吃。有時，寶寶會興沖沖的張開嘴巴接受湯匙餵，但是，也很可能會把食物吐出來，將湯匙推開、哭鬧，或是拒吃。很多家長會藉由遊戲的方式，例如「火車來囉！」努力去說服寶寶接受食物，而這食物通常與家中其他人的餐食不同，用餐時間也不一樣。

在西方，這樣餵養寶寶的方式很少被質疑，大部分的人都把用湯匙餵以進入離乳時期的方式視為理所當然。但是辭典裡面對於「湯匙餵」的定義有這樣的說法，「提供（某人）很多幫助和資訊，讓他不需要替自己思考」，以及「用阻礙人獨立思考或是行動的方式來伺候（他人）。」

從另一個方面來看，BLW 因為遵照寶寶自己的想法來進行，所以對他的自信與獨立都有鼓舞的效果。當寶寶展現出可以自己吃的能力時，固體食物的餵食就開始了，而且是以他獨特的步調及速度進行的。讓他可以依照自己的直覺複製父母和兄姊的行為，用自然、有趣的方式培養出屬於自己的餵養技巧，一邊進行一邊學習。

如果寶寶被給予這樣的機會，幾乎所有的寶寶都會把一塊食物抓進手裡，放入口中，展示給父母看，他們準備好要吃母乳或配方奶以外的食物了。他們不需要父母幫他們決定何時要開始離乳，也不需要被人用湯匙餵食；寶寶可以自己來。

採取 BLW 時，會發生的事情就像這樣：

❥ 用餐時間，寶寶和其他的家人坐在一起，當他做好準備後就會自己參與融入。

- 寶寶一旦對某種食物表現出興趣，用手拿起食物時，就會被鼓勵去多多探索一番。一開始到底有沒有吃，其實沒有關係。

- 食物被處理成一片片，切成寶寶能夠輕鬆掌握的大小和形狀，而不是磨成泥或是壓碎。

- 寶寶從一開始就「自己吃」，而不是讓人用湯匙餵。

- 要吃多少、在多短的時間內增加喜歡的食物種類範圍，由寶寶自己決定。

- 寶寶只要想，就繼續喝奶（母乳或嬰兒配方奶），由寶寶自己決定什麼時候要開始減量。

　　寶寶最初食用固體食物的經驗對他日後多年用餐的感受都會產生影響，所以讓寶寶覺得用餐時光很享受，意義重大。但是離乳對許多寶寶，以及他們的父母來說，並非那麼有趣。當然囉，並非所有的寶寶都很介意被大人用傳統的方式，也就是湯匙餵食的，但是很多寶寶表現出來的態度是順其自然的，而非真正樂在其中的。從另外一個方面來看，被容許自己餵自己，並且跟家人同食的寶寶似乎更享受用餐的時光。

「當賴安大約六個月大時,我和一群寶寶年齡相近的媽媽一起出去。這些媽媽都忙著用湯匙把磨成泥的食物送進她們寶寶嘴裡,並用湯匙把嘴角刮乾淨,以確保每一口食物都進到嘴巴裡。她們似乎把生活搞得很辛苦,而你也看得出,寶寶似乎並不享受這樣的餵食。」

蘇珊娜,兩歲大賴安的媽媽

 ## 為什麼寶寶主導式離乳法有道理?

準備好的時候,嬰幼兒就會開始爬、開始走,並且開始講話。「只要給寶寶機會」,對寶寶來說,這些成長的里程碑會在適當的時候來臨,不會早、也不會晚。當你把小寶寶放在地上讓他樂一樂時,你其實是給了他一個翻轉身體的機會。當他有能力做到時,他就會做。你也是在給他起身和走路的機會。這兩件事,可能要久一點才能做到。但是不斷給他機會,他就能做到。所以,餵食這件事,為什麼會不一樣呢?

健康的寶寶一出生,就能從母親的乳房上餵自己。到了六個月左右,他們已經能伸出手去抓食物,並把食物放進嘴巴裡。許多年來,我們一直都知道寶寶能做到這一點,而父母親也被鼓

勵從六個月開始，就給寶寶手抓食物。但是，現在卻有新的證據顯示，寶寶在這個年齡之前（參見下文）根本不應該吃「任何」固體食物。由於寶寶從六個月大就能開始手抓食物餵自己，所以食物泥似乎根本就不需要。

無論如何，即使我們知道寶寶在適當的時候就會擁有能自己餵食的直覺與能力，但在寶寶一歲之前，湯匙餵養仍然是大多數寶寶被餵食的方式，有時候，這個時間還更長。

 ## 寶寶該什麼時候開始吃固體食物？

依照現在的推薦，開始吃固體食物是從六個月大起。在這之前，除了乳汁，任何食物對寶寶來說都不容易消化。在六個月之前給寶寶吃固體食物對寶寶不好，因為：

- 固體食物中的營養和熱量不如母乳和嬰兒配方奶中濃度那樣高。小寶寶胃腸小，需要濃縮、容易消化的熱量與營養來源才能健康的成長；只有母乳和嬰兒配方奶可以提供這些。

- 寶寶的消化系統還無法獲取固體食物中所有的益處，所以食物只會經過寶寶的身體，無法提供適當的營養。

❥ 如果太早給寶寶固體食物，他們對於乳汁的胃口就會逐漸下降，這樣一來，得到的營養就會變少。

❥ 和持續以乳汁餵養到六個月大的寶寶相比，太早給予固體食物的寶寶容易受到感染，也比較容易發生風險，形成過敏體質，因為他們的免疫力還未發育成熟。

在寶寶六個月之前就餵食固體食物也被發現之後產生心臟疾病，像是高血壓的風險，有提高的傾向。

英國在 2003 年正式把寶寶食用固體食物的推薦年齡定在最少六個月大之後，這個時間是在世界衛生組織發表後的一年。世界衛生組織認為，可能的話，所有的嬰兒在六個月大之前，都應該只餵養母乳，而固體食物則應該從那時候起，逐漸引入。

觀察：可以開始吃固體食物了嗎？ 錯誤的跡象──其實寶寶還沒準備好

多年以來，為人父母的一直被告知各種形形色色，可以了解他們寶寶是否已經準備就緒、可以吃固體食物的跡象。這些跡象大多只是正常成長的一部分，與寶寶的年紀相關，而非他是否已經準備就緒，可以吃其他食物了。

還有一些一樣不可靠的「就緒跡象」也被用來當做準備吃固體食物的指標，但許多人還是根據這些跡象來認定除了乳汁之外，寶寶還需要其他食物：

- **半夜會醒。**許多家長早早就開始餵食固體食物，是因為他們希望這樣能幫助寶寶擁有一夜好眠。他們以為寶寶半夜會醒是因為肚子餓；但嬰兒半夜會醒原因有千百種，沒有任何證據顯示，給寶寶固體食物就能解決這個問題。如果寶寶真的餓了，六個月以下的寶寶需要的是更多母乳（喝配方奶的嬰兒需要的是更多配方奶），而不是固體食物。

- **體重增加趨緩。**這是許多家長被告知要儘早開始固體食物的共同原因，但是研究卻顯示，這種情形在寶寶四個月大左右是正常的，尤其是在以母乳哺育的寶寶身上。這不是寶寶需要固體食物的跡象。

- **看爸媽吃東西。**寶寶從四個月大開始就會被每天家中的活動所吸引，像是穿衣服、刮鬍子、潔牙，以及吃東西。不過，他們不了解這些事情的意義——他們只是好奇而已。

- **發出咂嘴的吵聲。**正在學習使用嘴巴的寶寶很喜歡練習這些技巧，這些練習對於學說話和吃東西一樣重要。這是寶寶吃固體食物的早期準備，但不意味著寶寶已經準備就緒要開始吃。

- ❧ **餵完奶後不馬上睡覺。** 四個月大的孩子已經比更小的孩子警醒，清醒的時間也長。他們需要的睡眠比較少。

- ❧ **長得小的寶寶。** 寶寶身型小，大多是因為他們天生就比較小，或是因為他們需要更多營養。不過，如果寶寶在六個月以下，他們要「迎頭趕上」需要的不是母乳，就是嬰兒配方奶，而不是固體食物。唯一的例外是提早很多出生的早產兒，他們有些人在六個月前就會需要更多其他的營養。

- ❧ **長得大的寶寶。** 生下來體型就大的寶寶（或是長得很快）不需要額外的食物，他們的身型之所以大，大多是因為基因生來便如此，或是因為有些寶寶已經喝了比身體所需要更多的乳汁了（尤其是喝嬰兒配方奶的寶寶）。他們的消化和免疫系統並不比其他嬰兒成熟，所以早餵固體食物在健康上的風險和其他寶寶是一樣的。體型大的寶寶需要更早餵他食物這種想法是從 1950、1960 年代殘留下來的，那時誤以為寶寶體重達到某個重量（通常是 5.5 公斤）後，就會需要固體食物。出生後的最初六個月，寶寶需要的只有乳汁，無論他體型是大是小，這和體型大小是沒關係的。

「我一直不了解為什麼大家總是說：『噢，這個寶寶很大呢！他得多吃些，你必須餵他吃固體食物。』但大多數人一開始餵的食物卻是梨子、蒸櫛瓜和胡蘿蔔這類減重時會吃的東西呀。」

荷莉，七歲大艾娃、四歲大艾祺和六個月大葛倫的媽媽

(真正的就緒跡象——寶寶已經準備好了)

判斷寶寶是否已經準備就緒可以吃固體食物，最可靠的方法就是，觀察他體內重要變化的跡象，那些讓他可以處理固體食物的跡象（也就是免疫系統、消化系統的發育，嘴巴的成長與發育）。如果寶寶已經可以自己坐起身來，不需要或是只需要一點支撐就可以伸手出去抓東西，快速準確的放到嘴裡，如果他已經可以咬自己的玩具，做出咀嚼的動作，那麼很可能，他已經準備就緒，可以開始探索固體食物了。

不過判斷寶寶是否已經準備就緒，最好的跡象就是看他是否會把食物抓到自己嘴裡。但這一點必須給他機會，他才能做到。

> 「當坐在你膝蓋上的孩子伸手從你碗盤裡抓起一把晚餐的食物，開始咀嚼並吞了下去，可能就是該把碗盤往他那邊挪過去的時候了。」
>
> 嘉布蕾拉・帕馬（Gabrielle Palmer），營養師兼作家

 ## 為什麼有些嬰兒食品標示適合四個月以上寶寶？

時間回到 1994 年，那時英國健康部門剛把推薦餵食固體食物的最低年齡從三個月改成了四個月，之後很快的通過了一個立法，以避免食品製造廠商把他們製造的嬰兒食品與和飲料寫成建議四個月以下寶寶適用。

但在 2003 年，推薦寶寶食用固體食品的最低年齡從四個月被改成了六個月，然而立法並沒有跟著修改。所以嬰兒飲料食品的製造商還是能繼續以四個月作為促銷嬰兒飲料食品的時間。

結果便是，很多家長因此困惑了。他們不知道官方推薦的時間已經改變了，又或者，他們雖然知道，但不覺得讓六個月以下的寶寶喝母乳或嬰兒配方奶以外的東西有什麼關係。所以，他們就繼續買嬰兒食品餵給還太小、其實還不能攝取那些食物的寶寶。

自願行為守則（國際母乳代用品行銷守則 International Code of Marketing of Breast-milk Substitutes）約束了食品製造廠商對於六個月以下「所有」嬰兒食品與飲品的行銷行為，而幾乎全世界所有的國家都簽署了這項守則。但是許多國家，包括英國在內，這個國際守則還是屬於自願性行為。換句話説，食品業「不必強制」遵守。所以，直到修法之前，許多嬰兒食品還是會被持續標示為「適合四個月以上寶寶」。

為什麼有些嬰兒食品標示適合四個月以上寶寶？

BLW 的故事

就年齡上來看，麥克斯的體型一直都算大的，屬於98百分比。所以，我總是會聽到別人說起大個頭寶寶的種種事情，說他們特別容易餓、四個月以上就需要固體食物，諸如此類的。不過，我只是讓他自己去進行主導。

除了個頭大之外，他對食物似乎不是特別有興趣。我從尿布裡看得出，他大約從八個月起才開始吃一些東西，但到十個月之後，才吃得比較多。

我真的把BLW的前六個月看做是他探索食物味道和口感的時期，所以和以食物泥餵寶寶的朋友相比較，雖說我無法說出他真正的食量，卻也不會擔心。我覺得，以這種方式養寶寶沒有壓力，真的！我以前曾經用湯匙餵過我幾個外甥。他們被認為應該把碗裡的某些量吃掉。但當他們決定不吃的時候，我壓力很大。

採用BLW時，最初，你必須放輕鬆一點，讓寶寶以自己的步調來進食。要認為他們什麼都沒吃、肚子會餓，所以你必須餵點什麼實在太簡單了。我從前都這麼想的：「我幹嘛擔心呢？母乳對他來說比半個胡蘿蔔營養太多了。」我假設，他需要的所有的養分都會來自母乳。而餵母乳的時間就設在用餐時間左右，配合很容易。他什麼時候想吃我就餵，搭配得很好。

夏洛特，十六個月大麥克斯的媽媽

寶寶主導式離乳法不是新作法

你看本書時可能在想，「我已經這麼做了呀，這不是什麼新作法。」如果你這麼想，那就對了——BLW 不是新的作法，但是公開談論的作法倒是新的。

許多家長，尤其是有三個或三個以上孩子的家長幾乎都會在無意之間發現，讓小寶寶自己主導，對每個人來說，日子都輕鬆、有趣多了。故事大多從類似這樣的事情開始：第一個孩子，他們謹守被告知的規則，也發現要幫孩子離乳需要很有耐心，但回報卻少。第二個孩子起，他們放鬆了一點，有些規矩就不守了，但結果卻發現，離乳似乎變得輕鬆了些。到了生下第三個孩子，他們很忙碌，所以就讓孩子「自己來」。

長子或長女——那個依循教養指南用湯匙餵養的——在吃飯上變得很挑剔。第二個孩子挑剔程度就低些，但是第三個孩子明顯比前面兩個好養，挑剔的程度低得多，也比較勇於嘗試。父母自己發現了 BLW。不幸的是，他們擔心被人批評不是好父母，甚至被批太懶惰，所以根本不敢告訴別人。

> 「我跟愈更多人談起這件事，愈是發現以這種方式引介寶寶開始吃固體食物不是什麼新點子。很多爸媽都說：『事實上，我早就做過了，只是沒說起過。』為人父母的做這件事已經很多年了，只是沒個名稱。」
>
> 克莉兒，七個月大露意斯的媽媽

 ## 嬰兒哺餵簡史

從歷史上來看，十九世紀晚期之前，引介寶寶吃固體食物的資訊並不多。養育子女的技巧和知識都是母傳女，書寫下來的很少。但是，和今天一樣，很多家庭很可能都是自己發現 BLW 的。而整個二十世紀，雖說只有民間流傳的證據顯示，至少有部分家庭是以此方式引介寶寶吃固體食物的，但大多數寶寶身上發生的事，跟這個是相去甚遠的。

到了世紀交替之初，寶寶到八、九個月之前，都不吃任何固體食物。而到了 1960 年之前，嬰兒攝取固體食物的時間又降到二、三個月大。到了 1990 年代左右，大多數寶寶則是在四個月左右開始吃固體食物的。這許多變化之所以出現，是因為以母乳哺育方式的改變；關於嬰兒的餵養，深入的研究極少，直到 1974 年，都尚未出現引介嬰兒攝取固體食物的官方指南。

「當我家祖母看到蘿希餵自己吃東西的樣子時，她覺得很好。她是家中七個孩子中年紀最長的，她說，記得自己的媽媽當初就是那樣餵弟弟妹妹的。她完全不記得有任何湯匙餵養的情況。她說，祖母只用湯匙餵過她，因為那時人家說，小孩子從三個月起就要那麼餵。」

琳達，二十二個月大蘿希的媽媽

　　1900 年代早期，寶寶只有母乳──不是由自己的母親餵，就是被乳母（被父母親聘僱來以母乳哺育孩子的女性）餵，時間大約在八、九個左右，或甚至更久。雖說有時會給七、八個月大的寶寶一些平整的骨頭或烤得硬梆梆的麵包來咬，但那是為了要幫助他們練出咀嚼技巧，或是幫助牙齒發育，不是當作「食物」來用。那時推薦給嬰兒的最初期食物通常是羊肉湯或是牛肉湯，用湯匙餵。

　　當乳母愈來愈不盛行，醫師開始把告訴母親如何以母乳哺育小孩，視作自己角色的職責之一。把事情留給媽媽們的直覺決定，或甚至更糟，讓寶寶來決定被認為是很不可靠的事。所以從寶寶出生的那一刻起，餵養這件事就開始被小心的控管起來。

雖說母乳哺育被認為是餵養寶寶最好的方式,但是當母親的人必需經常餵奶,奶水才能充沛這一點事實,很多人並不明瞭。當媽媽的人被告知要遵循嚴格的時間表、限制寶寶花在胸前的時間,並把每次餵奶的時間隔幾個小時。於是,很多媽媽就「無法」產出足夠的奶水,所以寶寶也就「沒有」茁壯成長了。接著,一件並不讓人意外的事情發生了,母乳的替代用乳在當時開始出現了,受歡迎的程度也隨之提升,醫師們也進行推薦,並努力確保寶寶能獲得所需的全部養分。

當「時鐘餵養法」流傳得更廣,而更多母親也轉而投向新的嬰兒用奶時,醫師也開始看清,這些產品對於寶寶的好處並不如廣告所宣傳的那麼好。用這些乳品餵養的寶寶經常生病、營養不足,而餵養的準備工作的也複雜,所以常會發生錯誤。

就算大部分的媽媽(由於嚴苛的餵乳時間表),只「能」以母乳哺育自己的寶寶幾個月,但是她們還是喜歡先讓寶寶從喝母乳開始,所以醫師與新進暢銷養育書籍的作者們就認為,解決方式是鼓勵母親從孩子出生後就親餵母乳,但當母親奶水明顯變得「不足」時,就開始引介「固體」食物(當然是半固體)來餵養寶寶,這個時候寶寶的年紀通常只有二到四個月。

肥肥胖胖的寶寶被認為是健康狀況好的象徵,所以媽媽們

被呼籲要以粥品讓寶寶「加胖」，因此最初攝取的食物大多以穀類製品為主，而乾麵包之類則特別受到歡迎。

在這個時期左右，細粉狀以及泥狀即食產品都已經出現在商店裡了。到了 1930 年代之前，市面上也已經可以買到各式各樣以水果蔬菜為基底的嬰兒罐裝食品。這些原本為六個月以上寶寶準備的食品，被發現也能輕鬆的餵給較小的寶寶吃。

當寶寶在還不能好好咀嚼的年齡，就被依照慣例餵給「固體」食品後，以骨頭和硬麵包來作為引介寶寶吃固體食物的作法就式微了。而且，雖然知道要讓寶寶吃與家人餐食相近的食物，寶寶通常還是被大人用湯匙餵有軟爛固形的粥狀食物，而不是他們手能抓得起來的東西。

到了 1960 年代，發現如果要寶寶能夠好好吃東西，就需要進行咀嚼練習並讓食物在口中四處移動。而家長就被鼓勵，要從寶寶六個月大起，引介他們開始吃嬰兒手抓食物。不過，由於當時認為寶寶在學會如何咀嚼食物「之前」，必須先習慣非常軟爛的食物，所以大多數的家長都相信，六個月以下的寶寶必須從磨成泥狀的食物吃起，之後才能在適當的時候轉成可以咀嚼的食物。

所以當第一分官方指南在 1974 年出版時，大多數三個月大的寶寶都已經在吃一些乳汁之外的食物了（通常是「寶寶」米飯、粥品或是硬麵包）。這分指南上説，四個月以下的嬰兒不應該被給予任何固體類的食物，但到六個月左右之前，應該要吃過一些其他的食物了。

這分建議在 1994 年再度被肯定，並一直是英國寶寶正式的官方推薦書，直到 2003 年，那時改成現在的推薦法，也就是六個月之前的寶寶只能喝母乳（或是嬰兒配方奶）。

BLW 的故事

我有女兒之後，就自然而然的下了個決定，除非她已經做好準備，否則我就不給她固體食物。我在帶大兒子傑克時，曾嘗試在他四個月大時給他固體食物，經驗可慘烈了。但當時的指南就是那樣（現在他已經二十一歲）。當然了，我現在才覺得他當時的發育和心理都還沒到達吃固體食物的程度，所以他很討厭。

安娜只喝母乳就很開心了，所以我根本沒費事拿食物泥去騷擾她。我們不常去診所，不過如果他們問我，我就騙他們。我記得她做八個月的檢查時，我是這麼說的：「是的，她現在一天吃三餐，她很愛呢！」不過真實的情況是，她只餵自己吃幾塊我們其他人在吃的食物。她從喝母奶直接跳到拿起食物來吃，中間沒有過度階段、沒有先吃磨成細泥的食物、接著也沒有壓碎的食物，也沒有軟糊的食物。

這是十六年前的事了，當時大多數的寶寶在六個月之前都是一日三頓正餐。知道我並未用湯匙餵孩子的人都感到很困惑，但是他們看得出孩子很好。他們可能只是認為我很懶。到了安娜真正開始自己吃東西的時候，她大約八個月多一點，每個人都看得出她能把正常的食物吃得很好，而且相當快樂。

麗西，二十一歲傑克、十六歲安娜、與十三歲羅伯特的媽媽

用湯匙餵養帶來的困擾

想像一下你是六個月大的孩子。看到家人的所有動作，你都愛模仿，你想把他們手裡拿著的東西抓過來，看看是什麼。當你看到父母親在吃東西時，食物的氣味、形狀和顏色都讓你著迷。你不了解他們吃的是什麼，因為他們很餓，你只想讓他們允許你去做他們正在做的事──那是你學習的方式。但是，你不但沒被允許加入，爸爸媽媽還用湯匙挖一匙又一匙軟呼呼的東西放到你嘴裡。東西的軟爛程度一直沒變過，只是味道似乎有點不同：有時好吃，有時不好吃。爸媽可能會讓你看，但是很少會讓你碰。有時候，他們似乎餵得很急，但有時候，過了好久才能等到下一口。有時候，你因為不想吃（或是單純的想看看東西長什麼樣）而把東西吐出來，他們就立刻用最快的速度刮起來，再度塞回你嘴裡！你還不知道這團軟呼呼的東西可以填飽肚子，所以如果你肚子餓的時候，可能就很沮喪，因為你真正想要的是喝奶。話雖如此，你對其他人做的事情還是很好奇，寧願自己也能得到允許去做相同的事。

用湯匙餵食「不是壞事」，就是沒必要而已。而且當很多被湯匙餵養的寶寶都能毫無問題的前去享受用餐時光時，以這個方式餵寶寶就「可能」會製造出某些採用 BLW 不會存在的問題。其中部分問題是磨成泥狀或是壓碎食物的濃稠程度，而部分則與寶寶對自己進食有多少控制力有關。

❧ 食物泥或是壓碎食物的濃稠程度，指的是食物從湯匙上被吸離的難易度；這些食物不需要咀嚼。如果寶寶到了六個月以後，還沒機會去體驗一下需要咀嚼的食物滋味，咀嚼技巧的發展就會往後延遲了。到了快一歲（或更晚）都還沒有機會開始嘗試成塊食物的寶寶可能永遠都無法真正吃好軟爛的粥狀食物（意思就相當於孩子到了三歲左右還不給他走路的機會）。從許多理由上來看，咀嚼技巧是非常重要的，包括了語言能力的培養、良好的消化與安全的進食。

❧ 被允許自己進食的寶寶，在學吃有固形內容物的粥狀食物時可以處理得比較好、也比較快，因為從嘴巴前面的部位開始操縱和咀嚼比較容易。用湯匙餵，寶寶容易直接把食物吸到嘴後面，在那裡食物將無法如嘴巴前面那麼容易地、或安全地移動。

❧ 很多用湯匙餵食的寶寶在第一次吃到有軟爛固形的粥狀食物或壓碎的食物時（市售的「第二階段」嬰兒食品），都會發出嘔聲，因為他們直接把這些食物從湯匙上吸到嘴後面，引起發出嘔聲的反應。對寶寶來說，要學會用湯匙吃東西時不發嘔聲，比把食物抓到嘴裡不出嘔聲要來得困難，所以許多寶寶乾脆就拒絕了湯匙。

❧ 被人用湯匙餵，表示寶寶對於自己吃多少、吃多快，沒有控

制權。溼溼糊糊的食物可以吞得比較快，容易說服寶寶「再吃一湯匙」。所以寶寶通常會吃得比其他食物快，而最後也吃得比真正需要的多。不斷哄寶寶吃得比真正需要多一點，會干擾寶寶對於感覺自己是否飽了的判斷力，導致一輩子都有吃太多的問題。

- 對一歲以下寶寶來說，餵乳是他營養最重要的單一來源。固體食物的營養比母乳或嬰兒配方奶都低得多。如果寶寶被餵了太多固體食物（用湯匙餵食很容易發生），他喝奶的胃口就會變小。因此，某些所需的養分可能就會不足。

- 對寶寶來說，被用湯匙餵，樂趣遠比自己吃少多了。寶寶想要探索，而且也得到允許去進行──是他們學習的方式。他們通常不喜歡別人「在」他們身上做事，或是「幫」他們做事。允許寶寶自己餵食，讓用餐的時間變得更愉快，這同時也鼓勵他們信任食物──讓他們更可能享受到口味與口感範圍都更寬廣的食物。

　　這並不代表採取 BLW 的寶寶就永遠不會去吃泥狀食品。有些寶寶會從盛好食物的湯匙去吃東西，有些寶寶則學習如何用湯匙快快的「挖」東西，寶寶處理溼溼糊糊食物的手段還很多呢。所以問題的癥結在於「只」給寶寶軟爛的食物，以及不讓他們在用餐時間自己控制。

能控制所吃的東西，讓寶寶可以用嘴巴前部嘗試新的食物，不喜歡還能吐出來，而用湯匙裝泥狀食物則可能讓食物直接卡在嘴巴後部，處理時會困難得多。除非寶寶能確定吃的是他喜歡的東西，否則很可能會拒吃。你很容易就能看出，這樣的方式可能會導致寶寶只挑口味最好的食物來吃，其他一律拒絕。

> 「在我拿泥狀食物餵梅寶的幾個禮拜裡，吃飯時間就宛如戰場，湯匙上的食物，他連吃都不吃。我的挫敗感很深，不知道是湯匙的問題，還是食物泥的口感不好，或是兩個原因都有。不過從我開始給他食物，讓他可以自己吃、自己控制的那一刻起，用餐對他來說就好玩了，他什麼都願意試吃看看。他不肯碰磨成泥的甜玉米，但是當我給他小玉米筍時，他根本吃不夠。」
>
> 貝姬，十個月大梅寶的媽媽

很多國家的人都是用手指頭吃東西的。事實上，在某些文化裡認為去觸摸、去感受食物是很重要的，這樣才能真正的享受到食物，用任何一種餐具都只會破壞這種經驗。

也有一些文化就是認為吃東西不必使用工具。即使如此，大部分西方國家的人似乎都被說服，不用湯匙就不能把食物送進寶寶嘴裡。

　　當然了，相信三、四個月大的寶寶需要吃「固體」食物時，用湯匙餵養似乎就無法避免了，因為那個年紀的寶寶還無法咀嚼，或是自己把食物送到嘴裡。這樣一來大家就會產生一種假設，認為用湯匙餵，以及餵泥狀食品是開始吃固體食物必要的部分，無論寶寶年齡多大。

　　因此，即使現在的研究告訴我們，三、四個月大（甚至更小）就開始攝取固體食物的寶寶根本就不應該吃固體食物，大多數人還是認為寶寶的第一分固體食物應該用湯匙餵。這一點，並沒有任何研究來支持。似乎沒有人去調查用湯匙餵養，對寶寶來說是不是安全、是不是恰當——大家只是習慣成自然；這作法「被試過、值得信賴」，但是並未真正被測試過。

「當初我用湯匙餵伊凡時，必須呵他癢，讓他笑到張開嘴才能把湯匙放進嘴裡——但是，湯匙馬上就被退出來。所以，在他轉開頭前，我必須試盡各種把湯匙放進去的角度。當我們被說服他需要食物時，他顯然不想吃。所以，我們只好無比挫折的坐下來，看著時鐘滴滴答答的走，想辦法把一整碗食物放進他嘴裡。現在回頭看，我看得出，他或許不需要那些食物。

潘，三歲大伊凡與十八個月大茉莉的媽媽

 ## 寶寶主導式離乳法的優點

（感受吃東西的樂趣）

對所有人來說，吃東西應該都是愉快的，大人、小孩都一樣。用餐時主動參與，控制自己可以吃什麼食物、多少分量、速度多快，都讓用餐更加愉快。反之，用餐也能變得很悲慘。採用BLW 的寶寶對於吃東西十分期待，他們很喜歡學習不同食物的種種、自己幫自己動手。早期快樂又無壓力的用餐經驗較可能讓孩子一輩子對於食物抱持健康的態度。

(用嘴巴去探索和發現)

寶寶被設定要去體驗、去探索，這是他們學習的方式。他們用雙手以及嘴巴去發現各種事物，包括食物。採取 BLW 的寶寶可以用自己的步調去探索食物，在做好準備時，依照自己的直覺去吃東西──就跟其他的動物寶寶一樣。

(分辨各種不同的食物)

寶寶被允許自己餵食、學習不同食物的外觀、氣味、風味和口感，以及不同的口味是如何混合在一起的。用湯匙餵食，不管食物是什麼材質，都被磨成一種泥。採取 BLW 的寶寶可以發現食物的不同風味，例如雞肉蔬菜湯，開始學習如何分辨他們所喜歡的食物。他們可以單純的拒吃不喜歡的部分，而不會拒絕整份雞肉蔬菜湯。這樣會讓規劃時變得簡單些，意思是寶寶不會錯過他們喜歡的食物，而且就算不是每一個人都喜歡「所有」的味道，全家人也可以共享一道菜餚。

(學習安全的吃)

被允許先把食物探索一番，再放入嘴裡可以讓寶寶學到重要的一課，什麼是能咀嚼、什麼是不能的。我們用身體某部分去

感覺出來的感受，以及用身體另一個部分去產生的感覺，之間的關係只能透過經驗學習得知。所以對寶寶來說，把一塊食物拿在手裡感覺，然後再把食物放到嘴巴裡可以幫助他判斷食物的大小對於咀嚼以及在舌頭上移動的難易度有什麼不同。這會是一個重要的安全特點，避免他日後把太大塊、嘴巴嚼不動的東西放進嘴裡。

從一開始就學習如何處理不同口感的食物也能讓寶寶比較不容易噎到。

透過食物學習周遭的各種概念

寶寶不是只會玩，他們一直在學習。寶寶從最優質（也是最昂貴）教育性玩具上能學習到的一切，幾乎都能從處理食物上獲得。

舉例來說，他們可以學習如何握住一個軟軟的東西，而不會去擠壓它，或是握住滑溜的東西而不會掉落。當手上緊握住的東西跌落在地，他們就會發現什麼是地心引力。他們會學習各種概念，像是多與少、大小、形狀、重量和口感等。由於會用到感官（視覺、觸覺、聽覺、嗅覺和味覺），所以他們也會學到如何把這些關連在一起，好更了解周遭的世界。

（發揮五感潛能）

自己餵食讓寶寶可以在每頓用餐時都能練習成長發育的重要面向。使用手指把食物放到嘴巴裡代表 BLW 的寶寶可以練習手眼的協調。一天當中抓上幾次大小和口感不同的食物會使雙手的靈敏度提高，對於日後書寫和繪圖的技巧會有幫助。咀嚼食物（而不是單單只吞嚥泥狀食物）可以發展顏面肌肉，這在學說話時會用得到。

「每個人都說，就伊曼紐的年齡來說，他用手的技巧實在好得很神奇——

不過，我覺得很正常啊。這些事情每個寶寶都應該能做到的，他們只是沒機會練習。如果他們每天都能餵自己吃各式各樣的食物，就能以餵食的方式進行練習了。不過當我表示他用手的技巧好是自己吃東西時練出來的，沒有人相信。」

安東尼塔，兩歲大伊曼紐的媽媽

（建立自信與自尊）

　　讓寶寶幫自己做事，不但可以激勵他們學習，還能讓他們因為自己的能力與判斷力而得到自信。當寶寶拿起東西放進嘴裡，幾乎馬上就能得到回饋，或許是有趣的味道，也可能是有趣的口感。這樣他就可以學會，他有能力讓好的事情發生，並因此間接建立自信與自尊。當他在食物上的經驗得到累積後，就會發現什麼東西能吃，什麼不能吃，對每種食物應該抱持哪種期待，也會學習去信任自己的判斷。有自信的嬰兒會長成有自信的幼兒，對嘗試新的事物不會心存畏懼，當事情不照他的意思走時，就折返回來。看見寶寶自己吃東西，能幫助父母更信寶寶的能力與直覺，換句話說，寶寶會有更大的自由空間去學習。

（對食物產生信任）

　　由於採用 BLW 的寶寶被允許用直覺來決定吃什麼、不吃什麼，所以他們很少對食物產生懷疑──這一點有時候會在其他嬰幼兒身上看到。容許他們去拒絕覺得不需要、或似乎不安全（過熟／不熟、腐敗、或是有毒）的食物意味著寶寶嘗試新食物的意願會更強烈，因為他們知道自己被允許可以決定吃或不吃。

「一開始，艾瑪對於能看清是什麼的食物興趣要濃厚多了，而混合在一起的東西，她就比較小心，甚至連燉煮的東西都一樣。她還是去吃，只是會多花一點時間先去仔細看看，好像必須經過她檢查似的。

蜜雪兒，兩歲大艾瑪的媽媽

享受全家一起進餐的時光

採用 BLW 的寶寶從一開始就和全家人一起進餐，吃相同的食物、參與社交時光。這對寶寶來說很有趣，他可以模仿進餐時的行為，也自然而然的會去用餐具、採用家中所期待的餐桌禮儀。

寶寶會學到食物入口後有多麼不同、如何與人分享、輪流等待以及如何與人談話。共同進餐對家人之間的關係、社交技巧、語言的培養以及健康的飲食都有正面的影響。

培養良好飲食習慣

兒提時期培養出來的飲食習慣可以持續一生。被允許從某個範圍的營養食物中自行選擇食物、以自己的步調進食、決定自

己是不是吃飽了的寶寶，會繼續根據自己的胃口來進食，長大之後比較不會有過度攝取的問題。這在預防肥胖症方面是很重要的。

（獲得較高營養的食物）

根據非正式的證據顯示，家長若幫孩子選擇 BLW，並讓他們從一開始就一起吃飯，將來孩子長大以後選擇不健康食物的比例就比較低，而他們也會獲得比較高、比較長期性的營養。這種情況，一部分是因為孩子習慣去模仿父母的作法，隨時都在吃成人食物，而另外一部分原因則是因為他們在進食時，比較具有冒險性。

（保持長期的健康）

由於乳汁餵養減量的情況是慢慢循序漸進發生的，所以採用 BLW 寶寶攝取適量母乳的時間可能會拉長。母乳不僅能提供非常均衡的營養，還能保護母親和寶寶，對抗許多重大疾病。

（體驗食物的口感並練習咀嚼）

採取 BLW 的寶寶從一開始就能體驗食物不同的形狀和口感，而不是無論吃什麼，濃稠度都一樣。

由於這些寶寶有機會練習咀嚼並在口中移動食物，所以他們處理食物的速度比只用湯匙餵養的寶寶來得快。學會如何有效的咀嚼對於說話和消化都有幫助。有機會從一開始便廣泛選擇食物意味著用餐時間，寶寶的樂趣比較多，而他獲得全部所需養分的可能性也較高。

嘗試真正食物的機會

　　BLW 讓寶寶從最初便能體會飲食的真正樂趣。而身為大人的我們則傾向於把這種樂趣視為理所當然，忘記餐食裡面多采多姿的風味與口感對我們用餐的樂趣來說，貢獻有多大。

　　通常「第一階段」的嬰兒食品通常由幾種食材組合而成，而這些成分全都被混在一起，打成一種吃起來滑順而同質的混合泥。這不但意味著寶寶只能體驗一種食物的口感，而且還沒機會親自去發掘各種食材嚐起來的質地口感。這對寶寶的餐食以及用餐的愉悅感都有影響。

「第一次看到採取 BLW 的孩子吃東西時，我真的很震驚，寶寶對一般正常的大人食物充滿了自信。十個月大的他拿起一塊塊的食物放進嘴裡吃，顯然知道食物間的不同，而且也很習慣的去選擇想要的食物。他似乎很滿足，而且非常享受他的餐食。」

瑪麗安，托兒所所長

（給予健康愉快的飲食經驗）

很多兒童的飲食毛病，甚至是青少年或青年人，或許都來自於嬰兒期。如果寶寶早期對食物的經驗是健康又快樂的，拒吃或是挑食這類的問題可能就會少得多。

（減輕照顧者的負擔）

製作泥狀食品既耗時，工序又繁瑣。採用 BLW，泥狀食品就不需要了。但前提是家長的飲食必須是健康的，這樣就能簡簡單單的把自己的餐食分給孩子吃。而且，與其分開來用湯匙來餵寶寶，或是讓自己的晚餐涼掉，採用 BLW 後，你和寶寶就可以一起進食了。

(吃飯不必大戰)

　　寶寶吃東西如果沒有壓力，用餐時間就沒機會變成戰場，全家人反而可以享受沒有壓力的用餐時光。這也就意味著，孩子開心、父母也開心。

(較不會挑食或拒吃)

　　採取 BLW 的寶寶比較不會挑食或拒吃東西。這是因為採用這種方式後，吃東西就很享受。由於寶寶一開始就吃正常的家庭食物，沒有經過從嬰兒食品轉換軟爛的粥狀食物，然後再換成家中餐食的步驟。這種轉換，許多寶寶都覺得很難。

　　「我發現以這種方式被鼓勵吃固體食物的寶寶能夠享受更多樣化的餐食，之後對食物也比較不會挑毛病。」

　　　　　　　　　　　　　　　　　　　　　　貝薇麗，健康訪問員

不必玩遊戲或耍把戲

　　許多用湯匙餵子女的家長都發現，孩子對吃不熱衷，他們必須想出各種辦法來說服孩子接受不同的食物。由於 BLW 尊重寶寶對於吃什麼（或不吃什麼）、以及什麼時候不吃的決定，所以說服孩子這種需求根本不會出現。這意味著，家長不必去借助有火車、飛機聲音的精緻餐具來哄孩子接受食物。而且也不必把食物弄成特殊的形狀（像是笑臉），或是把蔬菜「隱藏」在另外的菜餚裡，來騙孩子健康的吃。

寶寶不會被拋在一旁

　　當寶寶和家人被隔開餵食，那麼當大家都在吃飯時，還要讓他們保持高興，可就是個挑戰了。採用 BLW 後，大家一起進餐，所以每個人都參與了正在進行的事。

外出吃飯時比較容易

　　採用 BLW 代表，多數餐廳的菜單上通常都會有一些寶寶能吃的東西，特別是以這種方式來開始吃固體食物的寶寶，對於吃比較願意冒險。家長有機會在食物還溫熱的時候好好享受一番。這同時，他們的寶寶也在一旁學習餐廳是如何運作的，他的食物看起來、聞起來都與家中的食物不同。而且，他必須等別人上菜。

這一切，和寶寶在家中時以小碗小盤子盛相同的少量食物非常不同，也讓全家外出變得更為可行了：帶寶寶出門，準備食物變得容易了，不必擔心要事先準備食物泥，也不用煩惱外出時還得幫寶寶加熱食物。

> 我簡直無法相信出門有多簡單。我的孫女兒就吃我們吃的食物。當初我兒子在她年紀時出門，我身上總要帶著一堆瓶瓶罐罐，而且還得想方設法去加熱。現在我們給小丫頭吃什麼，她就吃什麼，種類很多。這比起我們從前的年代省事多了！」
>
> 安，九個月大莉莉的奶奶

(節省家中開銷)

讓寶寶一起分享為其他家人料理的食物，費用比另行採購並準備單獨的嬰兒餐便宜。如果和市售嬰兒食品相比，價格更是低得多！

寶寶主導式離乳法有缺點嗎？

(吃得一團亂)

好吧，沒錯，一定是會有點亂亂的！不過，所有的寶寶總得在某個時間點學習如何自己吃飯，而且自己吃一定會亂。只不過，對於採用 BLW 的孩子，這時間來得比其他孩子早。好消息是，很多採 BLW 的孩子，這段時間相當短。因為寶寶常有機會自己練習，所以很快就會上手，熟練起來。要對付這種髒亂的情況，辦法很多，但是話說回來，用湯匙餵也可能搞得一團亂！

(親友的擔心)

要處理親友們對這件事最初的恐懼與懷疑，其實不算什麼缺點，但卻可能成為採取 BLW 會遇上的困難。因為這種方式，從前少有人談論，很多人不知道這種引介固體食物的方法，也不了解其操作方式。這也就是說，除非親眼目睹實際的運作，否則大家都會抱持懷疑的態度，或是表示擔心。

本章參考書目

- The Compact Oxford English Dictionary, 第三版 (Oxford University Press, 2005), 第 16 頁

- The American Heritage Dictionary of the English Language, 第四版 (Houghton Mifflin, 2000) 第 17 頁

- WHO/UNICEF, Global Strategy for Infant and Young Child Feeding (WHO, Geneva, 2002) 第 20 頁

- 世界衛生組織網站 World Health Organization website: www.who.int/childgrowth/standards/weight_for_age/en/

- World Health Organization, International Code of Marketing of Breast-milk Substitutes (WHO, Geneva, 1981) 第 23 頁

第2章

寶寶主導式離乳法
是怎麼進行的？

> 「最棒的就是寶寶準備就緒的時候是那麼的明顯。當寶寶可以坐起身、伸出手、拿起食物放到嘴裡、在嘴裡四處移動並吞嚥下去時，他的小肚子就做好準備了。天生自然的事情是不會搞錯的。」
>
> 黑柔，八歲愛薇、五歲山姆以及二十二個月大傑奇的媽媽

 ## 天生就會循序學習新技巧

學吃固體食物是寶寶成長發育中與生俱來的——就像學爬、學走、學說話一樣。這是成長中正常的一部分。雖說，有些孩子長得快、有些長得慢，但是所有寶寶的進展都依循著一套模式進行，而每個寶寶學會新技巧的順序也是大同小異。舉例來說，大部分的寶寶都會以下面的順序學習下列這些技巧：

- 滾動

- 坐起來

- 爬行

- 站立

♪ 走路

這個原則適用於嬰兒發育成長的各個層面——包括餵食。

寶寶在培養這些技巧時是不需要別人教導的。換句話說，他們不必真的去「學習」，而是「自然而然」的就會做。有些技巧是一步步慢慢發展出來的，有些則似乎是一夜之間突然就會，不過這些技巧都是寶寶把動作練習過並組合起來後發展出來的。是持續發展的，從寶寶出生的那一刻起就開始的。很多早期的動作都是直覺性的，但是當寶寶對自己肌肉的控制能力提高後，就會開始故意的做出一些事。

所有的寶寶都會去發展與餵食自己相關的技巧，只不過，有機會自己練習處理食物的寶寶，熟練的時間會比被匙餵的寶寶早。寶寶天生就會用以下順序來發展自己餵食的相關技巧：

♪ 緊緊的吸住媽媽的乳房

♪ 對感興趣的東西伸手

♪ 抓東西，放到自己嘴巴裡

♪ 用脣舌去探索事物

♪ 把一片食物咬下來

❧ 咀嚼

❧ 吞嚥

❧ 捏住（用大拇指和食指）小東西，把它拿起來

　　從一出生，寶寶就能以自己的方式找到乳房，並吸上去。所有正常、健康的嬰兒從生下來就擁有這樣的生存本能。這也是一種最基本的吞嚥反射動作。在乳房或奶瓶上吸的動作可以把乳汁送到寶寶嘴巴的後面，在那裡吞嚥機制會被啟動。

　　寶寶從三個月大左右起，就會開始找自己的手：他們會用目光去捕捉手，並開始用手在自己臉的前面搖晃，進行研究。如果手掌碰到了東西，拳頭就會在同一時間緊緊握起來。他們會慢慢的開始把手有目的的放到嘴裡。

　　這個年紀的他們，肌肉的協調性還不是很好，所以可能會誤打自己的臉，或在發現自己手中有東西時，露出一副非常驚訝的樣子。

　　四個月之前，寶寶就會把手伸向感興趣的東西了。當他的動作變得更加細膩時，會開始移動手臂和手，準確的把感興趣的東西抓住，並放到嘴裡。他的嘴脣和舌頭都很敏感，他會用脣舌來學習日常事物的味道、口感、形狀和大小。

到了六個月大之前，大多數的寶寶都可以伸出手去摸容易抓的東西，並把東西放在拳頭裡拿起來，準確的放進嘴裡。如果寶寶有機會去看、伸手去摸、並且抓到食物（不僅僅是玩具），他就會把食物放進嘴裡。雖然說，這畫面一副他在自己餵食的模樣，但寶寶不會真把食物吞下去，他只是用唇舌來探索一番。

六個月到九個月之間，寶寶會接二連三的發展出多項能力。首先，他會用牙齦去咬或啃掉一小片食物。在他發現怎麼做才能把食物留在口中一陣後，另一方面也是因為他嘴巴的大小和形狀改變了、舌頭擁有更好控制力，所以現在他可以讓食物在嘴中四處移動，並咀嚼。

不過，在這個階段，只要他還直直坐著，食物會從嘴裡掉下來，而非吞下去，是幾乎可以確定的事。

天生就會循序學習新技巧

BLW 的故事

如果不是亞尼表現給我看，我真的不敢確定自己是否會順著直覺去採取 BLW。亞尼大約六個月大時，有一天在他姐姐，也就是我大女兒愛妮在看電視時坐在她身邊，他一把她的酵母醬三明治抓過來咬了一口。酵母醬很鹹的，不是嗎？你可能想不出比這個更不合適的初食了！但是，吃東西是他自己的選擇，不是我叫他做的；在想要的時候，得到所想的東西，讓他非常開心。

當初餵愛妮時完全不是這麼回事。在她只有五個月大時，我們就開始給她固體食物了，那情形實在可怕得很。我很確定，當我第一次餵她吃東西時，我哭了出來。她還沒辦好好的坐直身體，所以倚在一張靠椅上，磨成泥的食物從她嘴巴裡一點一點流出來。要把足夠的奶水擠出來做成流質的食物，要費很大的功夫。

所以，當時我們當初決定和愛妮一起等一等。在亞尼吃三明治的事件後，我們試過把一些食物磨成泥餵他，但他不愛被人餵，於是我們就想，「那為什麼不乾脆給他成塊的東西吃呢？」

他會先吃綠花椰、然後胡蘿蔔，接著吃肉或是別的食物。他吃東西比我們女兒均衡多了，自我調整的能力也好。至於女兒，有好些時間，很多食物都被她拒吃；耗時費力去磨成泥的東西，她根本不吃，感覺實在曲曲折折的，很磨人。亞尼的過程就簡單多了，所以，我們現在用相同的方式來對待喬治。

波麗，六歲愛妮、四歲亞尼以及六個月大喬治的媽媽

固體食物和奶水（母乳或是嬰兒配方奶）不同，奶水是直接被吸到寶寶的嘴後面去的，而固體食物則需要被主動移到後面。這件事，除非寶寶已經能夠咬或啃東西，否則是做不到的。這就意味著，至少有一至兩週的時間，被寶寶放進嘴巴裡的所有食物實際上都會再度跌出來。只有當他舌頭、臉頰、下顎的肌肉已經協調到可以一起運用時，他才能開始把食物吞嚥下去。這也是天生的安全守護機制，讓他減少被噎到的機會。但是這樣的情況只限於「自己」把食物放進嘴裡的寶寶——他要能自己控制才行。

在寶寶大約九個月大時會發展出「捏」這個技巧，也就是使用大拇指和食指把小東西（或食物）捎起來的方式。在這技巧發生之前，他不太可能把太小的東西（如葡萄乾或豆子）放進嘴巴裡。

每一餐都被允許自己吃的寶寶會有很多機會練習這些技巧，並且很快就能充滿自信，變得十分熟練。就如同時間到了、做好準備就會走的寶寶一樣，寶寶似乎時間一到、做好準備就會開始吃固體食物——「前提是，必須給予他們機會」。

大多數對寶寶開始吃固體食物的研究集中在「什麼時候」應該開始吃，以及應該餵寶寶「吃什麼食物」。寶寶成長發育的情形與他們開始吃固體食物間的關連性被嚴重的忽略。但是當 BLW 的協力作者吉兒 · 瑞普利觀察寶寶處理食物的情形後，

她就明白，寶寶的直覺會告訴他們什麼時候可以準備好開始吃東西，而他們也就自然而然的發展出自己餵食所需的技巧。

> 「當有人跟我解釋 BLW 的時候，我心想，『當然是這樣的呀，這才有道理。』我在養育第一個孩子時沒有自己意識過來，實在蠻笨的。所以，到了約翰，我們知道他會餵自己吃東西；其他兩個孩子的情況我們都見識過了，自己吃東西是完全可能的。你不必一邊用湯匙餵，還一邊去準備手抓食品，用手抓食物當唯一的餵食方式就可以了。」
>
> 麗茲，八歲大海瑟、五歲大愛德恩以及二十個月大約翰的媽媽

 ## 餵母乳和寶寶主導式離乳法

餵自己對寶寶來說是很自然的事，無論他們之前是餵母乳還是瓶餵。所有的寶寶對自己周遭的環境都會充滿好奇，從五個月左右起，他們就會開始拿起東西，放到嘴巴裡。話說回來，餵母乳在寶寶準備開始吃固體食物一事上，有其特定的功能。以下是其作用的方式：

➧ 餵母乳的寶寶在媽媽胸前就是自己吃的。母親必須用一個適

當的姿勢抱好寶寶，但是寶寶是自己餵食的，他們把乳頭含入口中，吃飽喝足了才放掉。事實上，要強迫寶寶吸母乳是不可能的——如果你試過，就會了解。所以餵母乳的寶寶在開始吃固體食物之前很久就已經習慣自己吃了。從另一方面來看，用奶瓶餵養的寶寶就比較依賴媽媽的帶領。他等著媽媽把奶嘴塞進他嘴裡，也期待媽媽在他需要的時候，一直拿著奶瓶。

餵母乳的寶寶一直都是自己控制的。他們喝多快、喝多少母乳完全看他們自己飢渴的程度。相反地，用奶瓶餵養的寶寶，餵食的步調主要是由奶嘴上孔洞的大小決定的。媽媽是有可能說服寶寶喝下比他想要更多的乳量的，她只要搖一搖寶寶嘴裡的奶嘴，讓他吸就可以了（吸吮反射是無法避免的反應，就像膝蓋的反射動作一樣）。

餵母乳的寶寶使用嘴部肌肉的方式和用奶瓶餵的寶寶不同。寶寶在吸母乳時嘴部的動作和咀嚼類似，而用奶瓶餵則是和透過吸管吸食的方式更為接近。所以，用奶瓶餵養的寶寶，嘴部還未以相同的方式做好咀嚼的準備。這意味著，寶寶要學習讓食物有效率的在嘴裡動一動，這時間會略微長些。

母乳的味道每次喝都不一樣，味道會根據媽媽所吃的食物而

餵母乳和寶寶主導式離乳法

產生差異。所以餵母乳的寶寶從一開始就習慣口味的變化了，然而餵嬰兒配方奶的寶寶只喝過一種口味。意思是，餵食母乳的寶寶對於不同口味的食物，驚訝的程度會比較低，所以可能會較有興趣去實驗新的口味。相對之下，以嬰兒配方奶餵養寶寶的家長有時候會發現，寶寶不願意馬上就去嘗試太多種新的口味。

不過，並不是因為 BLW 對於餵母乳的寶寶來說，食物轉換很自然，就意味著，喝嬰兒配方奶的寶寶要轉換就很困難——只是，喝配方奶的寶寶一開始得多花一點時間，而且也要如餵母乳的寶寶一樣，必須具有一點冒險精神。對於餵嬰兒配方奶的寶寶來說，BLW 在其他方面也會有些微差異。舉例來說，飲料是如何開始引介的、在固體食物的攝取量增加後，要如何減少餵乳量。雖然如此，這整個觀念所有寶寶都能運作得非常好。

「許多純母乳哺餵達六個月以上的媽媽似乎都發現，在她們寶寶開始攝取固體食物後，BLW 就成為她們最愛的選擇，她們還能持續餵母乳，享受所有健康上的益處。」

妮基，母乳哺育指導員

別干擾寶寶自我餵食

寶寶在一出生就能自己餵食（從母親的乳房上），而且大多數的家長都不希望，孩子到了兩至三歲還得靠別人餵──父母期待孩子能自己吃。自我餵食這樣的自然進程在孩子六個月大左右被干擾，改採湯匙餵養，只為了讓家長之後再回頭來決定何時要恢復讓孩子自己餵，這樣的作法似乎不合邏輯。

孩子從六個月大開始就能自己餵食固體食物；不需要別人介入，去幫他們做幾個月的事，也不需要去決定何時要再度退出。寶寶從一開始一直就可以自己餵食的。

 ## 寶寶把食物放進嘴裡的動機和時間點

六個月大的孩子把食物放到嘴巴裡的動機和肚子餓不餓沒有關係。寶寶想要複製他人的行為，部分原因是因為好奇，而另一部分原因則是直覺告訴他們，這是確認他們作法是否安全的方式。所以，萬一他們想伸手抓父母拿在手上的食物時，我們也不必感到驚訝。

嬰兒期大部分、甚至是全部的成長發育，都和生存有關連。寶寶必須知道哪些食物是可以安全吃下肚的，哪些又是有毒的，所以他們會仔細看父母把什麼東西放到嘴裡。這件事情發生的時間點大約和他開始使用手及手臂來抓取物體的時間點相同。

寶寶的好奇心很強烈，所以如果他想抓住某個東西，就會不斷練習要成功抓到時所需的動作，一次又一次。而當他成功拿起某樣新的東西時，十之八九都會放進嘴巴裡，探索、測試。所以當寶寶初次把食物放進嘴裡時，他是把它當成玩具或其他別的東西。除非這麼做，否則他就無法想像該物品的滋味、知道可不可以吃。

　　如果他能把東西咬掉一小口，就會用牙齦開始咀嚼，好去發現東西是什麼口感，吃起來是什麼滋味。他不太可能把東西吞下去，部分原因是他不想，但主要原因則是因為他吞不下。他還無法把一塊食物故意移動到嘴巴的後面，就算可以，前提也必須是他可以坐直起來、不被分心，不過他意外做到的可能性不高。東西很可能會掉出嘴巴外面。

　　被允許可以把食物送到嘴邊的寶寶，早在能吞下任何食物之前，就已經知道食物不同的口感和味道了。而且他也會一步步慢慢的發現，原來食物可以讓他有飽足感。這樣一來，他處理食物的動機就會發生改變，與飢餓產生關連。這個時間通常在八個月大到一歲左右。時間點很完美，因為直到這個時間之前，寶寶並不是非得開始從食物裡面獲得所需的營養不可。

（重點）

➤ 寶寶把食物放進嘴裡，動機是好奇及模仿——不是飢餓。

➤ 前兩個月左右，固體食物只是用來學習的。

 寶寶需要額外的營養

大家經常有個迷思，認為母乳的分泌情形在六個月左右會發生變化，之後母乳對寶寶來說就「不夠」了。事實上，母親分泌的母乳在寶寶六個月大時，營養價值幾乎沒有改變，甚至到了寶寶兩歲左右還可能如此；改變的是寶寶對某些營養的需求。母乳一直都是嬰幼兒營養最均衡的單一食物來源，幾乎沒有時限。

寶寶出生時帶著從子宮時儲存的養分。這些養分從出生那一刻起就開始被利用，但是在他所喝乳汁中的養分量是能夠確保營養充足的。從六個月以上，均衡的狀況改變了，所以寶寶開始以「非常緩慢」的需求，要從飲食中獲得更多養分，這是母乳或嬰兒配方奶中沒有提供的。

六個月左右，大多數的寶寶才正要開始脫離只喝奶水的日子，了解這一點很重要。大多數足月的寶寶體內都儲存了適量的

營養，例如鐵質，相當長一段時間沒有補充也不會發生問題，不會在一夜之間就匱乏。不過，六個月左右，寶寶就要開始學吃固體食物，這樣才能發展出吃其他食物所需的技巧，並習慣食物的新口味，為將來真正要開始仰賴其他食物作為主要營養來源做好準備。

寶寶以緩慢速度提高對更多營養的需求似乎與他們自我餵食技巧的逐漸發展，在時間上是一致的。六個月左右的寶寶，體內仍儲存有足夠的營養，而這時候大多數的寶寶都能夠拿起食物，塞進嘴裡了。但是到了九個月左右，寶寶對其他營養的需求就提高了，而採用 BLW 的寶寶當時應已經發展出吃許多種家庭食物的技巧了，而這些範圍廣泛的食物就能提供他們所需的額外養分。也大約是在這個時期（每個寶寶之間的差異可能很大），許多採用 BLW 的家長都回報表示，他們的寶寶似乎是有目的性的在吃東西——好像他天生就明白，自己在所喝的母乳或配方奶之外還真的「需要」這些食物。

 ## 開始脫離餵奶

許多父母對於減少寶寶的餵乳量，以提高對固體食物的依賴程度一事覺得有壓力，但這件事情是急不來的。在寶寶六個月

到九個月之間，不論是母乳或是嬰兒配方奶的分量都應該和之前相去不遠，逐漸增加的是固體食物的分量。直到九個月之後，寶寶的餵乳量才需要開始減少，讓固體食物取代。如果寶寶被允許自己決定何時要開始吃固體食物，並依循他的步調進行，那麼他自然而然的就會朝著增加固體食物、減少乳量的方向進行。

每一個寶寶在掌握固體食物進食，然後開始漸漸離乳這件事情，速度差異很大。有些寶寶幾乎是立刻（六個月）就把食物吞下肚子，到了九個月大時，他們已經完全能夠自己進食，而且開始減少喝乳的分量了。

有些寶寶在開始時進度極為緩慢，對固體食物興趣缺缺，他們只會不斷去探索食物直到足足八個多月後還依然如此，而且他們在十個月，甚至十二個月後都還只吃少量的固體食物。

當然囉，這其中的狀況變化很多。有些寶寶一開始興致勃勃，幾個禮拜後就慢了下來。有些似乎直到地老天荒也沒對固體食物表示一丁點興趣，但是一開始吃之後，速度驚人。

許多寶寶是以爆發的形式來做事的，某個禮拜，似乎什麼事也沒發生，但某幾個禮拜又天天嘗試新的食物。這些現象都很正常──這和家長期待寶寶在吃泥狀食物時那種穩定、一階段一階段的進程很不一樣。

「我在採用傳統離乳法時其中的一個問題就是寶寶被認為必須去經歷各個階段；而BLW則把這些全都扔到水裡。」

海倫，營養師

 ## 發展咀嚼的能力

寶寶使用嘴的方式是伴隨其他能力一起成熟的。咀嚼、吞嚥、講話全都依賴嘴部肌肉動作的協調力，包括舌頭。小嬰兒可以協調這些肌肉，以便能吸母奶（或是奶瓶），但也僅此而已。那正是為什麼萬一要給很小的嬰兒「固形」食物，食物一定要又軟又稀爛，因為寶寶可以攝取的方式只有透過吸一個途徑。

很多人認為，寶寶必須先以湯匙餵養之後，才能應付真正的「固體」食物——但是事實並非如此。隨著寶寶嘴巴的成長與發育，他們自然而然就能處理可咀嚼的食物。

特別是從一開始，吃母乳時的吸食動作就能訓練發展日後會用來咀嚼和講話的肌肉。

過去相信，寶寶必須先習慣用湯匙才能繼續進展到下一個

塊狀食物的階段，但這也不是真的。小嬰兒有一種反射動作稱之為「口腔排出反射」（tongue thrust，也就是用舌頭將食物頂出吐舌頭），也就是會（不自覺的）把所有除了乳頭與奶嘴的東西頂出嘴巴外的動作。這或許是種安全機制，為的是預防把任何硬的東西吞進去或吸進去。

早期用湯匙餵等於試圖將這種舌頭頂出反應蓋過去，所以餵食才會如此困難，吃得又凌亂。口腔排出的反射反應從寶寶四個月左右會開始消失，而無論寶寶是否已經使用湯匙來餵養。所以多年來認為「寶寶已經開始習慣湯匙」的證據，其實只是口腔排出反射開始消失的事實。

同樣的，寶寶不會「學」要如何去咀嚼，他們只是把這樣的能力發展出來，無需透過人利用餵食滑順的泥狀食物、以漸進的方式逐漸從泥狀推進到塊狀，來「教導」要如何咀嚼。

發展咀嚼的能力

嬰兒咀嚼時不需牙齒

　　六個月大的寶寶通常已經長出一、兩顆牙齒了，但不是所有寶寶都長牙了。不管寶寶是否已經開始長牙，他們咬或是啃的能力似乎並沒有任何麼不同——他們只用牙齦。這對他們能不能咀嚼當然沒什麼差別（不過或許得牙齒長出後才能咬硬的食物，像是生的胡蘿蔔）。牙齦咬或咀嚼都很好——身為一個親餵寶寶的媽媽，寶寶有沒有牙卻會來咬乳頭的感覺，你肯定知道。

　　「歐提斯還沒長牙。其他兩個孩子也是到一歲左右才長，所以我知道寶寶咀嚼時不需要牙齒——一歲左右時，他們兩個都在吃正常的家庭食物了。」

珊迪，九歲大艾倫、五歲大湯姆士
以及八個月大歐提斯的媽媽

　　身為成年人的我們，常常會把我們使用嘴部肌肉的方式為理所當然。但是，你將口香糖從臉頰的一邊移動到另外一邊、你把櫻桃籽或是橄欖籽分離後吐掉的方式、或是你把魚骨頭、魚刺或是卡在牙縫裡的食物殘屑取出的方式其實都是相當複雜的動作。學習在嘴裡移動食物對於口腔衛生的安全性與優良性很重要，對於吃東西與講話也一樣重要——而最佳的學習方式就是使用許多不同質地的食物好好來練習這些技巧。

不同口感食物也會提高吃飯的樂趣與興趣；讓食物變愉悅的不僅僅是風味一項而已。想想看，如果我們大人的食物口感都一樣（尤其是被壓碎或磨成了泥），那有多無聊呀。脆脆的、有嚼勁的、硬的、軟爛的食物都能在嘴裡產生不同的感受，需要以不同的方式來處理。寶寶被允許去體驗不同食物質地的機會愈多，就愈可能熟悉這些食物質地的處理方式，嘗試新食物的意願也會更高。

開啟新食物的「機會之窗」

有些人把四到六個月這段時期當做是讓寶寶習慣食物新口味與新口感的「機會之窗」。他們擔心，一旦錯過了這個窗口，寶寶就不太願意去接受固體食物，結果要離乳就難了。這個顧慮似乎來自於一個現象，也就是寶寶六個月大如果還沒有被餵食第一口固體食物，似乎就會比年紀更小的就匙餵的寶寶更抗拒固體食物。

不幸的是，由於匙餵變成最廣為接受的嬰兒餵食方式，所以就沒人去質疑這個假設，看寶寶拒絕的到底是「餵食的方式」，還是「食物本身」。六個月以及六個月以上被允許自己餵食的寶寶，事實上對於嘗試新食物是興致高昂的。他們也是能夠幫自己

做點事情的能幹小人兒。所以如果「的確」存在一個讓寶寶能接受食物新口味與新口感的理想時期，那這個時期直到寶寶能自然開始將食物放入口中之前是不會發生的，也就是六個月左右。

 吃飽，但不過量：學習控制胃口

無論年齡大小，知道什麼時候該停止進食是避免肥胖，讓你身材維持適當體重的重要因素，所以，吃飽就停聽起來似乎是個常識。但許多孩子，甚至大人，都無法做到這一點。

許多父母親都擔心孩子沒吃飽。食物在本質上是與營養和愛相連結的：我們都想表現出我們對寶寶濃濃的愛意，而餵他們正是表現的一種方式。這同時，當寶寶不吃我們為他們精心準備的食物時，我們可能會產生被拒絕的感受。這種種情緒、混雜著寶寶應該要吃多少分量的不實的期待，就意味著許多寶寶，也包括更大的孩子，都經常被說服吃下比所需更多的食物。這代表孩子只學到如何吃太多，或者，在某些非常極端的例子裡，還會養成拒食或是偏食的問題。所以無論是哪一種，養成正常的胃口控制一事，都會產生風險。

要說服幼小的寶寶吃下比他們自己想吃分量更多的食物非

常容易，特別是匙餵的寶寶。從另一方面來看，被允許自己吃的寶寶則自然會去控制自己的攝取量——覺得飽了就停下來。這意味著他們需要多少就吃多少，不多吃。

吃的速度也很重要。如果寶寶被允許自己吃，他會按照自己的節奏來吃，吃一塊特定大小的食物該多久，就多久。父母看到孩子吃一口飯必須花上多少時間在咀嚼上，往往會感到很驚訝。控制自己吃多少、用多快的速度吃不僅讓寶寶在用餐時更為享受，也意味著他更能夠去感覺自己吃飽了沒。而另一方面，匙餵會鼓勵孩子用比他們本來速度更快的方式來吃，干擾在他們飽足時會告知他們的感知。吃太快也是另外一個與成人及兒童肥胖症相關的飲食行為層面。

「愛琳對食物的態度非常好。她可以控制自己的胃口——只在肚子餓的時候吃，飽了就停。我們的吃在這國家是一團混亂，所以要讓某些人理解這麼做有多好，真的很難。」

茱蒂絲，二歲大愛琳的媽媽

「我發現，用湯匙餵很難知道崔世坦不想再吃的時候是不是真的吃完了──或許，那只是權力遊戲的一部分，看是誰會拿到湯匙。」

安德魯，四歲崔世坦以及七個月大瑪得琳的爸爸

 寶寶不會噎到嗎？

許多父母親（祖父母及其他人）都擔心自己餵自己吃東西的寶寶會噎到，但要噎到必須有前提，寶寶要能自己控制進到他嘴巴的所有食物，而且身體還要能坐得直。BLW 的寶寶噎到的機會不會比匙餵的寶寶多──噎到的次數甚至還更少呢！

大家之所以常擔心寶寶會噎到，多是因為見到寶寶對食物發出嘔聲，把這件事跟噎到搞混了；這兩個機制雖然相關，但並不相同。發出嘔聲是一個發噁的動作，是食物太大吞不下時，把食物推出氣管的動作。寶寶會張開嘴，把舌頭往前頂出；有時候，會發現有塊食物出現在他嘴巴前部，而寶寶甚至可能稍微小吐了一下。嘔聲很快就會結束而且似乎不會對正在自己吃的寶寶形成困擾，如果沒什麼事情，他們通常會繼續吃。

如果是大人，發出嘔聲的反應觸動點在靠近舌頭的後端──

你得把指頭往後探到喉嚨深處，才能讓作嘔的動作產生。不過，在寶寶六個月大時，這個反射動作在寶寶嘴中的觸動點在舌頭的比較前部，所以寶寶要發出作嘔聲不但比成人容易得多，而且引發反應時，食物還遠離氣管。所以當六、七個月大的寶寶因食物發出嘔聲時，並不表示食物很靠近氣管，也幾乎很少讓寶寶有噎到的危險。

發出嘔聲這種反射動作也是寶寶學習如何安全處理食物的重要一部分。當寶寶因為在嘴裡塞進太多食物，或是把食物送進嘴中時送得太深，而觸動這個反射動作幾次後，就知道以後不要這麼做了。當他年齡再大一點，「無論是否被允許自己吃吃看」，觸動這反射動作的地方都會沿著舌頭往後移，所以因為食物而發出嘔聲的事除非是食物太靠近嘴後面了，否則不會發生。而寶寶也就「脫離」常發出嘔聲的這種傾向了。

不過，當作嘔反射點往後移到成年人的位置時，要以此做為早期的警示跡象，效果就愈來愈差了。所以一開始沒有被允許去探索食物的寶寶可能會錯失利用此跡象來學會如何讓食物遠離氣管的方法。而一般民間的證據也顯示，和早早就被允許去試驗食物的寶寶相比，用湯匙餵養的寶寶在開始自己處理食物後（通常是八個月大時）比較容易出現作嘔和噎到的問題。

不過，雖說作嘔不用太擔心，但這種反應基本上是一種安全作用，記住這一點是很重要的。要讓這作用能有效發揮，寶寶上身必須坐直，這樣送進嘴巴的食物如果太深，才會被這個反射動作往前推出，而不是向後推送。

發出嘔聲、噎到以及匙餵

寶寶會發出嘔聲或「噎到」，很多例子其實是跟用湯匙餵養有關，尤其是餵軟爛卻有顆粒的粥品時。要了解發生的原因，可以想想你用湯匙喝番茄湯的情形，然後再與你用湯匙吃早餐麥片粥的狀況比比看。如果你想用喝湯的方式，咕嚕嚕的把麥片喝下去，麥片的顆粒就會直接來到喉嚨的後部，你立刻就會開始咳嗽了。用湯匙餵寶寶時，他們也有吸食物的傾向，所以很容易就會作嘔，或是「噎到」。

當氣管被完全或是部分阻擋到時，就會出現噎到的情形。寶寶的氣管一旦被部分擋到，馬上就會自動咳嗽，開始清理塞住的東西，而且通常效率非常好。如果氣管被完全擋到，這其實是很罕見的，寶寶就會咳不出來，需要別人幫忙把食物顆粒弄出來（使用標準的哈姆立克急救手法）。

咳嗽和咳嗽聲，看起來、聽起來的警示意味都很濃厚，但這其實是寶寶正在處理這類問題的一個跡象。相反地，真正被噎到的寶寶通常是很安靜的，因為空氣無法通過阻礙物過去。正常的寶寶，進行咳嗽反射動作效率很好，但前提是他們的上身是坐直或往前傾的。當他們在清理自己的氣管時，通常最好先別去干擾他們。

　　「一開始，當伊薩克吃東西時咳嗽，我們都跳起來，把他抱離椅子，拍他的背。不過，當我們停下來，仔細去看他的情形時，往往會發現如果我們給他時間去咳嗽，東西都能咳出來，然後他又會高高興興繼續吃東西了。」

露西，八個月大伊薩克的媽媽

有兩件事會讓寶寶容易嗆到：

➤ 其他人把食物（或飲料）放進寶寶嘴裡。

➤ 寶寶採取向後靠的姿勢。

如果有人端著碗、拿著湯匙靠近你，並且開始餵你吃東西，你很可能會伸手去阻止對方，這樣才能看見他要餵什麼食物、湯匙上有多少分量。你也會想控制東西什麼時候、如何進入你的嘴巴裡。這些基本的檢查可以讓你預期，當食物進入嘴中時要怎麼處理；能預先計畫如何處理食物可以預防吃的時候被嗆到。

如果你剛好往後靠，被別人餵食的結果就更可怕了，因為地心引力很可能會將食物帶到你嘴巴的後部，而那時你還沒做好吞嚥的準備。很顯然地，當我們認為一位本能地進食中的成年人需要，也應該，能夠控制自己進食的過程。這道理也適用在寶寶身上。

當寶寶自己把一塊食物放進嘴裡，這個動作是由他自己「控制」的。如果他能咬得動這塊食物，他就會咀嚼。如果食物能被移動到喉嚨的後部，他就會把食物吞嚥下去。如果這些事情他都做不了，只要他上半身還是坐直的，食物就會從嘴裡掉出來。允許寶寶自己吃意味著進行控制的人是他——有控制權可以幫他保持自己的安全。

寶寶的雙手和與嘴巴能力之間的關連性，也能幫助採用BLW 的寶寶保持安全。當一個六個月大的寶寶開始自己學吃東西時，是不會抓起自己的舌頭無法移動的小顆粒食物的，例如像葡萄乾和豆子，所以這些東西進不了他的口裡。他只會在年齡稍

大（大約九個月大）後，才開始會用食指與大拇指去「捏」起小東西。在那之前，如果他已經被允許自己練習吃很多種不同質地或口感的食物，咀嚼技巧勢必會精進。這意味著，當他一旦有能力把葡萄乾放進嘴裡後，十之八九，葡萄乾都可以被安全的吃掉。這兩種在寶寶成長發育上基本面的結合，是讓 BLW 之所以安全的要素。

因此，如果寶寶有支撐（必要的話），上半身成直立的姿勢，而且能自行控制進到他嘴裡的東西，而不是處於被人餵食這種容易噎到的危險情況中，那麼就沒理由過於擔心採取 BLW 的寶寶會比使用其他方式引介固體食物的寶寶，容易噎到。

> 「馬格努斯（採取匙餵）有時候會把太多食物放進嘴裡，接著就作嘔了——有時嘔到幾乎噎到。吃肉的時候，這種情況經常出現（我先生必須立刻把肉絲從他嘴裡拉出來，而我則必須馬上猛力拍他的背一、兩次）。理昂（採取 BLW）發出過幾次作嘔聲，但是他從來沒嗆到過。」
>
> 喬伊，六歲馬格努斯以及三歲理昂的媽媽

寶寶真的知道自己需要吃什麼

在用餐時間，採取 BLW 的寶寶被允許從所提供的食物當中裡挑選想吃（或是需要）的食物，而寶寶在一週左右時間內所選取菜色的均衡程度，也讓往往做父母的驚喜萬分。對於寶寶在直覺上到底是否「真的」知道要吃什麼，可靠的研究非常少，不過，在 1920 及 1930 年代，美國一位小兒科醫師，克拉拉 ‧ 戴維斯（Dr. Clara Davis）做過一個非常特別的實驗，顯示寶寶吃的食物顯然值得思考。

在研究進行的時候，許多孩子都拒吃當時認為對他們好的食物。

大多數小兒科醫師都給父母嚴格的指示，告訴他們孩子要餵什麼、餵多少、多常餵。但是戴維斯醫師卻質疑這一點，認為正是因為太嚴格了，所以才會成為問題的原因，而告訴孩子，甚至強迫孩子去吃某些特定食物則讓情況更糟糕。她的理論是，需要吃什麼，寶寶自己最清楚。

她為嬰幼兒制定了一分「自選式」餐食，看看寶寶如果被允許自己選擇食物，會發生什麼事。她對十五個孩子進行研究，時間長達六個月到四年半之間。所有的孩子在實驗剛開始時，年齡都在七到九個月之間，而且在實驗開始之前，只喝母乳。

寶寶總共有三十三種食物可以挑選，每一餐供應的選擇略有不同。所有的食物都分別被擺盤、壓碎，而且沒調味：複合式的食物，像是麵包和湯是不被允許的。

　　寶寶可以從這些食物中任意挑選他們想吃的，分量多少不限。他們可以自己動手吃，或是指出要吃的那一盤，請保母幫餵，但是保母不能影響他們的決定。如果寶寶把某種食物全部吃光，就會進行補充，直到他停吃。

　　餐食都被仔細的審查，這樣研究人員才能了解每一位孩子實際上吃了什麼。孩子都會進行血液、尿液以及Ｘ光檢查，好監視他們的健康情況。而實驗結束後，戴維斯醫師發現，每一位孩子選擇的飲食都非常非常的均衡。

　　孩子們的營養都很好，也很健康——甚至連開始並非如此的孩子都這樣——而他們全部的人所吃的食物種類與分量，都比正常同齡孩子更多。他們體重的增加在平均值以上，當時常見的許多不足症（像是鈣質缺乏引起的佝僂症）與常見病症，在他們身上基本上都沒有。

　　不過，每個孩子組合食物的方式卻是獨特又無法預期的——跟算得上是「一般」的餐食相去甚遠。舉例來說，有些孩子選擇吃大量的水果，而其他一些孩子似乎很愛吃肉；對食物的狂好或失控

寶寶真的知道自己需要吃什麼

的情形很常見（某個搖搖學步的幼兒顯然在一天裡吃掉了七顆雞蛋！）但是，所有的孩子都很樂意去嘗試不熟悉的食物。他們沒有一個人選擇那個時候寶寶「理應」要吃的麥片和乳製飲食。

根據戴維斯醫師的說法，這些孩子營養之所以如此好，部分原因是因為只供應他們營養、又沒加工處理過的食物──沒有蛋白質過高、脂肪太多、或是加糖的食物。但是，只提供好的食物選擇並不保證飲食能均衡。任何一位被研究的孩子還是可能會被決定要限制餐食，舉例來說，盡量不讓他吃肉、水果或蔬菜，結果就出現生病的情形。但是他們每一類型的食物全都有吃，所以均衡性是可以確定的。

即使如此，實驗結果的可靠度並不足以證明戴維斯醫師的理論是否真實（這是一個小型研究，而且大多數的資料都遺失了──這實驗以後也不會再重做，因為她的方法在今日被視為不人道）。不過，這個實驗在當時是廣為人知的，甚至被 1940、1950 年間班哲明·斯巴克（Benjamin Spock）醫師幾版暢銷的養育書引用，而一度非常風行的限制嬰兒飲食說法也褪流行了。然而即使提供寶寶多樣化食物的重要性觀念有被流傳下來，允許寶寶自行選擇食物的作法卻似乎不見了。或許是因為接下來的年代，寶寶在三、四個月大時就被提供副食品了，而三、四個月大的寶寶根本還不能自己選擇要吃什麼。

BLW 的故事

我們的第二個孩子，莎斯奇雅在還不到六個月大時，在我們吃飯時會坐在我膝上。那時候她就會開始伸手從我們碗盤裡去抓食物了。抓到吃的東西後，她會很高興，直接把它放進嘴裡。所以，我們等於是在不知不覺中採用了 BLW，而不曾多想。之後我發現，有人也採用了相同的方式，而且還有名稱。這個方法非常簡單，媽媽們一定已經傳承採用了好幾代，而且還在繼續使用中，特別是用在第二個寶寶身上。

現在回想起來，我覺得我們的長女莉莉當時是有伸出手去摸食物的。只不過當時我們採用的是一般認為比較聰明的作法——用湯匙餵。我們夫妻輪流餵她，一個吃飯，另一個就餵莉莉。

BLW 既快速又簡單，只是會製造一些髒亂。「的確」有點髒亂。不過，採用匙餵也很複雜啊，那可是另一件令人有點輕微焦慮的小事情。況且，匙餵很無趣——我們總是在準備食物、餵食、或是打掃環境中度過。完全以食物為導向，我是說磨泥食物。採用 BLW，用餐時的享受程度與玩樂似乎多太多了。而且也放鬆太多了。

蘇珊，三歲莉莉、以及十四個月大莎斯奇雅的媽媽

寶寶真的知道自己需要吃什麼

寶寶主導式離乳法關鍵問答

 採用 BLW，我的寶寶營養會均衡嗎？

　　孩子營養好不好，得靠你們和你們寶寶。無論你採取哪一種方式，提供有營養的食物，讓寶寶能獲得營養均衡的飲食是你的責任——採用 BLW 的差別在於吃什麼，實際上是由寶寶決定的。

　　大家都有個迷思，認為飲食在父母控制下的寶寶日後會吃適當的食物，而被允許自己選擇的寶寶以後則會靠洋芋片和巧克力過日子。事實上，正好相反呢！許多採取湯匙餵養寶寶的家長都回報說，要讓他們的孩子把好的食物吃下肚，真是個大難題。他們甚至得施點詭計，像是把蔬菜「藏」在其他食物裡面，或是在電視機前餵（這樣一來，寶寶就不會注意到吃進嘴中的是什麼食物了），或是答應他們，把綠色蔬菜吃掉可以請他們吃愛吃的食物。對照之下，大多數嘗試 BLW 的父母卻表示他們的孩子吃的食物，種類繁多，不需要特別去勸說，即使是一些一般認為孩子不愛吃的菜，例如高麗菜也是一樣。

　　有證據顯示，如果給孩子機會，他們會自然而然的選擇好的食物，攝取適當的分量（參見克拉拉・戴維斯醫師的工作內容）。這一點尚需進一步進行研究，但這個想法其實是有許多事實支

持的，也就是说，很多挑食的人是出自於開始吃固體食物時，由父母控制的家庭。兩種方法都採行過的家庭幾乎一致表示，他們不會再回頭去採用傳統的方式了，因為採用 BLW 後，寶寶吃得比他們其他孩子好太多了。

> 「威廉完全沒吃過磨泥副食品，這一點相當成功。他吃東西不像哥哥山米爾那麼挑剔，而山米爾是用湯匙餵大的。威廉喜歡大多數孩子不愛碰的食物；他喜歡黑胡椒跟辛香料，大家都說，和其他孩子一比，威廉吃東西的種類範圍實在很驚人。他什麼都肯試試看。」
>
> 比特，五歲大山米爾、兩歲大山姆以及
> 六個月大愛德華的爸爸

磨泥的食物不是比較容易消化，比較營養嗎？

來到胃部的食物如果是泥狀的，或許的確比其他成塊的食物較容易消化。不過，嘴巴是設計來咬碎食物的——或將食物「磨成泥」——方式則是透過咀嚼。被徹底咀嚼的食物對胃來說，比使用果汁機磨碎的食物容易處理，因為混入口中唾液的食物有助

於消化過程的啟動，特別是消化澱粉類食物時。

被允許以自己節奏來吃東西的寶寶有種傾向，他們會把食物留在口中很久，然後才吞下去。這段時間，食物已經被唾液軟化、被牙齦壓碎了。但是吃泥狀食品幾乎完全碰不到唾液。這種食物被寶寶從湯匙上直接吸起來，吸到喉嚨的後部，並且立刻吞下去──沒有經過咀嚼。

泥狀食物，尤其是蔬菜水果，有可能被把食物中的養分給摧毀。當食物被切的時候，有些維生素C就已經從暴露出來的表面流失了。而磨泥這個動作則會把損失擴大，所以食物泥裡的維生素C比食物塊裡的少。舉例來說，一整顆蘋果所含的維生素C就比同一顆蘋果被磨成果泥或壓碎後高。維生素C是很重要的維生素，特別是能夠促進鐵質的吸收。身體是無法儲存維生素C的，所以有個好來源天天攝取非常重要。

從寶寶尿布上的便便狀況來看，很容易會以為磨泥食物比較容易消化。吃「真正」食物的寶寶所排的糞便偶而會含有成塊的蔬菜，例如小小的、還能夠辨識出形狀的軟顆粒。這並不表示食物全都沒有消化──只表示寶寶正在努力學習咀嚼，而他的身體正在逐漸習慣固體食物。磨成泥的食物看起來好像消化得比較完全，其實只是因為食物被打成泥了，混在便便裡根本看不出來。

被餵得太快的寶寶（用湯匙餵很容易就會發生）可能會錯失學習如何徹底咀嚼的機會。從一開始就被允許自己吃的寶寶、以及在吃東西時沒被催促的寶寶，通常會取比較小口的分量，在把食物吞嚥下去之前，也會花較長時間來咀嚼。所以，整體的消化會比較好。

當然了，泥狀食物對於咀嚼有困難的人很合適，但是正常健康的寶寶不需要讓食物被磨成泥，就如同正常、健康的成年人不需要一樣。

所有的寶寶都適合 BLW 嗎？

BLW 必須依賴寶寶正常能力的發展，所以未必絕對適合所有的寶寶。有發育遲滯、肌肉軟弱、或是嘴部、雙手、手臂或背部畸形的寶寶（例如，唐氏症、腦性麻痺或是脊柱裂），最好還是選擇匙餵，或是匙餵配合手抓食物。話說回來，手抓食物不應該從這些寶寶的食物中被排除，因為這些食物有時候是幫助他們確實發展困難技巧的理想方法。有消化系統疾病的寶寶會需要一些特別的食物，而這些食物是無法做成適合他們自己吃的形狀的。但再強調一次，不應該因此就不讓他們以這種方式去吃其他的食物。

不足月出生的寶寶對於開始吃副食品的時機，可能也有不一樣的需求，但這還真的得看寶寶到底是早產幾個禮拜。懷孕三十六、七週出生的寶寶可以被認作是幾乎足月，但是二十七週顯然就不行。再者，許多早產兒不僅是提早出生，體型還非常袖珍，或甚至有先天性的疾病，又或者是有特殊原因導致他們早產，而這些原因會連帶影響到他們接下來的發育。很顯然的，任何一種建議都無法適用於所有的寶寶。

　　BLW 適用於足月出生的寶寶，因為他在營養上的需求與發育的成熟度，又或者可稱為能力，是與他自己進食的能力同步發展的。所以他一旦需要固體食物時他就有能力可以自己吃（一般來說是在滿六個月後左右）。早產兒一般性的發育情況在步調上，會與他如果足月生產，多少相同——所以如果他早產六個禮拜，那麼除非他到七個半月左右，否則很可能不會對食物展現興趣，或是無法把食物放進嘴裡。不過，在這之前，他很可能就需要額外的營養了，因為他在媽媽子宮裡待的時間不夠，不足以建立起正常的儲存量。

　　對於不足月的寶寶何時會需要固體食物，我們所知不多。特別是，對這些還不能自己餵東西之前就需要營養的寶寶，額外的營養是否以泥狀型態的食物（這時短期間內以湯匙餵食有其必要）供給，還是要以處方補充品，用藥物的型態供應最好，我們還不清楚。

每個寶寶都應該被視為獨立的個體，然而，沒有理由一個不需要額外營養的寶寶（或已經有藥物作為營養補充的寶寶）不應該被允許依自己的步調來開始副食品，即使這表示他們滿六個月過後還沒開始展現對食物的興趣。

　　一般來說，六個月以及六個月以上的所有寶寶都應該被鼓勵用雙手去探索食物，並在他們顯示出興趣時，放手讓他們去餵自己吃。不過，如果你寶寶生下來就不足月，或是有特別的醫療或身體問題，你應該請寶寶的小兒科醫師、營養師、以及／或言語治療師給你意見，再決定是否以 BLW 作為讓寶寶開始攝取固體食物的唯一方式。

寶寶主導式離乳法關鍵問答

> 「雄恩早產四個禮拜，當我開始用 BLW 時，與用湯匙餵大的蘿拉相比，是一種全新的感覺。我想，和他同期的孩子相比，他是有點『落後』的，不過他們都是足月的寶寶啊。但是採用 BLW 讓他有機會在準備就緒的時候，能夠展示讓我們知道。」
>
> 瑞琦，十四歲蘿拉、以及四歲大雄恩的媽媽

🔍 讓寶寶自己主導真的合適嗎？

學吃固體食物是成長發育上一個自然的階段。我們不會去控制寶寶什麼時候要開始走路，所以，就不明白為什麼應該要控制他轉吃固體食物的行為。沒有哪個父母會在孩子表現出要走路的跡象時，主動不讓孩子去學的——那麼做會被認為殘忍，也可能會產生傷害性。但是許多父母並未發現這一點，他們透過不讓寶寶自己餵食，或是用餐時間不讓寶寶自己做任何決定的方式，把「負面」控制強加到寶寶進食的本能上。

身為父母，你在餵養寶寶上唯一需要控制的就是決定要提供哪些食物給他吃、多常提供。前提是，你提供給他的食物必須有營養，之後要吃什麼、吃多少、吃多快則應由寶寶自行決定。

要確定餵母乳的寶寶所喝的乳量是不是適當（並減少母親在健康上的問題），最好的方式就是一開始就讓他自己控制喝奶的狀況——多久喝一次、喝多快，以及喝多久。這被稱為需求餵養法，或是寶寶主導式餵養法。把由寶寶主導的方式從喝奶套用離乳一事上，其實只是容許寶寶在改吃家庭食物時，採用相同的控制手法。這意味著，他可以繼續去回應體內飢餓或飽足的感覺，吃多吃少則看他需要。這是自然胃口控制法的基本原理，也是一生對於食物的健康態度。

如果寶寶是用奶瓶餵養的，配方乳的飲用時間及分量則有

由父母控制的傾向。但這個控制權在某個時間點上就必須重新讓出來了。那麼，什麼時候是讓出的正確時機呢？為什麼不選寶寶開始攝取固體食物的時候呢？這個時間點似乎是一個允許寶寶依照需求，去發展天生進食本能的理想機會。

許多父母親喜歡用湯匙來餵嬰幼兒純粹是因為這樣比讓他們自己吃，速度來得快。但是，身為的成人的我們，能夠決定一餐要用上多少時間，對我們而言是很重要的。有時候，我們想要放鬆，好好享受食物的美味；有時候我們得快快吃完就離開。沒人願意這樣的決定是由別人下──特別是，他們還是用湯匙餵我們的人！要我們匆促進食意味著我們將無法好好享受食物，這對消化系統可能也有妨礙。容許寶寶以自己的步調來進食會讓他更能享受食物的滋味──或許還能降低肚子痛和便秘的風險呢！

控制寶寶吃東西的方式並不會讓他們的營養或是行為變好──事實上，這樣更有可能引起吃飯的戰爭。寶寶似乎有種與生俱來的本能，會以緩慢的速度去測試新食物，用的是他們的步調。

從兒童飲食疾病上得來的證據顯示，不讓寶寶這樣做可能會讓他們對於新的食物心存恐懼，而在其他方式上控制或操縱寶寶，像是玩小把戲（例如，交換湯匙，一口甜一口鹹），則是教導他們不去信任餵食過程。

寶寶主導式離乳法關鍵問答

我們很容易就見到，在孩子吃東西時候進行催促的情形，因而導致他們吃得太快，沒有徹底咀嚼。這樣或許會讓他們沒把所需要的東西吃夠。而另一方面，用哄的方式會教導他們吃得比所需「更多」。在最極端的例子理，這樣的操縱方式有可能會切斷孩子與食物間的連結。

　　很多會影響較大孩子以及他們家人的飲食問題，其實源自於控制的問題。的確，跟這些家庭一起共事的健康專業人員通常會要求父母親從把「控制權還給孩子」開始。或許，如果一開始就不把這個控制權拿走，很多這一類的問題就不會那麼常見。

> 「我喜歡採用 BLW 時，寶寶其實是控制方的這一個事實。」我見過很多寶寶在餵食上有些障礙，而原因幾乎清一色是因為他們自己沒有控制權。」
>
> 海倫，營養師

本章參考書目：

・C. M. Davis, 'Self-selection of diet by newly weaned infants: an experimental study'（新近離乳嬰兒對食物的自行選擇：實驗性研究）, American Journal of Diseases in Childhood（美國兒童疾病期刊）, 36: 4 (1928), 651－79

第 3 章

開始：
讓寶寶主導離乳

「蘿拉坐在桌邊看著我們吃了好幾個禮拜，然後才嘗試她的第一口食物。她用眼睛看著食物被送進我們嘴裡，然後和我們一起「咀嚼空氣」。之後有一天，她從我手裡拿過麵包，瞪著看了好一會兒，然後慢慢的送到自己嘴巴。她沒成功的送進嘴裡，還敲了敲自己的臉頰。我必須忍住伸手幫忙的衝動，不過最後她還是找到自己嘴巴了。她把麵包吸了吸，不斷的咬著——我覺得她實際上什麼也沒吞下去。不過，我卻相當荒謬的感受到一陣興奮和驕傲。」

艾瑪，七個月大蘿拉的媽媽

 寶寶主導式離乳的前置準備

當寶寶長到六個月大時，你會發現，即使他還不太能開始吃固體食物，卻也想加入家人一起用餐。這個年紀的寶寶好奇心很強烈，覺得自己是其中一員時心裡最高興。讓你的寶寶坐在你身邊，給他一個小碗或小湯匙玩，他就會覺得自己是進餐的成員之一。當他做好準備可以吃東西時，會讓你知道的。

雖然有些產品的確可以讓你的生活變得簡單一點，但是你不必為 BLW 特意去購買什麼，那些東西不是絕對必要的。嬰幼

兒餐椅可能有用，不過很多家長開始給寶寶固體食物時，就在用餐時把寶寶直接放在膝上，讓他從自己碗盤中拿食物來玩。無論你如何決定，寶寶一旦開始探索食物，一定要確保他的安全（也就是，他不會跌下來），而且他被支撐著，上身坐得很直（吃東西時背往後靠可能會發生危險，所以絕對不要讓寶寶坐在可以後傾的躺椅，或是汽車座椅上）。

正常、健康的家庭食物可以很輕鬆的進行調整，做成寶寶也能處理的食物，所以你無需為了寶寶另外採購或準備特別的食物（參見第四章，裡面有應該給寶寶攝取的、以及需要避免的食物）。最初幾個月，也不必費心另外替寶寶置辦餐具，因為他會用手指抓；你只要確定他開始動手抓之前，手是乾淨的就好。

最後，你可能要為凌亂的情形，做些心理準備——在學吃東西的最初幾個禮拜，寶寶有可能會把地方搞得亂七八糟。

寶寶主導式離乳的前置準備

> 「用餐時間，詹姆士總是坐在我的膝上，他大概在七個月左右開始抓食物，送進嘴裡。他抓的第一塊食物是一塊非常軟嫩的牛排！我燉了一鍋牛肉，給他一大塊，而他只是在上面吸啊吸，可能還咬幾口纖維。他看起來一副非常享受的模樣。」
>
> 莎拉，兩歲大詹姆士的媽媽

什麼時候讓寶寶「吃」？

雖說許多介紹寶寶吃固體食物的書籍會提供寶寶剛吃時最初幾個禮拜、或幾個月的建議時間表，但是對採取 BLW 的寶寶來說，這是不需要的。從前舊式的建議作法是，寶寶三、四個月大開始吃固體食物，在最初幾個禮拜的時間裡，先從一天一次開始，接著提高到一天兩次，然後才是一日三餐，其實這年紀寶寶的消化系統還沒成熟到足以消化固體食物。六個月或六個月以上的寶寶腸胃才會日漸成熟，對於新食物比較不會出現太糟糕的反應。寶寶六個月大以後，你要做的就是無論什麼時間吃飯，都開始把寶寶找進來──早餐、中餐、晚餐，或點心時間都行──只要寶寶不餓、不累，不耍脾氣。

在寶寶肚子不餓時，讓他坐下來探索食物很重要，因為剛開始接觸固體食物的前幾個禮拜，「用餐時間」和肚子餓不餓完全沒關係，重要的是玩、分享以及模仿他人的行為。這是學習的機會，不是真要去吃──是遊戲的時間。這跟傳統的離乳方式非常不同，傳統方式通常都會要你確認要用餐之前，寶寶是否已經飢腸轆轆。當你跟寶寶分享食物時，他如果肚子餓，就無法好好享受探索食物的樂趣，並發展自己進食的技巧了──他只會感到挫敗又難過，就和玩新玩具時一樣。

「我無法相信，一開始時，我居然幾乎要放棄 BLW！史蒂芬妮對固體食物一副完全不感興趣的模樣——所以我以為方法不管用。但有一天，她在午餐之前鬧了好一頓脾氣，所以我只好快快餵她喝些母乳。之後，當我看到她坐在餐椅上拿起胡蘿蔔，在胡蘿蔔上面嚼了起來時，幾乎無法置信！直到那時，我才終於發現自己做錯了——我只需要在她肚子不餓的時候給她固體食物就好。」

安娜貝爾，兩歲大柔依及八個月大史蒂芬妮的媽媽

　　無論何時，只要寶寶需要，你就用母乳或配方奶餵他（依照需求），這樣 BLW 的效果便能得到最好發揮。如此一來，他便能根據需要繼續喝到足夠的奶水，還能把探索固體食物當成分開的活動，享受探索的樂趣。請記住，對於固體食物能填飽肚子一事，他還沒有概念，所以如果他在你計畫吃飯時肚子餓，請先以奶水餵他。喝完奶之後如果太睏，對固體食物沒興趣也不要擔心——你可以在之後他比較清醒時，另外給他一些東西。

　　這個階段，讓寶寶「錯過」用餐時間沒有關係，因為這段期間的寶寶不是靠這些餐食來取得營養（或是止飢）的，而且這種情況還得多持續兩個月。所以雖然盡可能多給他機會，讓他練

習餵自己的技巧固然很好，倒是沒必要堅持讓他每一餐都跟你們一起吃飯，或是覺得晚餐時間，他一定得保持清醒不可（最後，大多數的家長都會調整用餐時間，來配合寶寶肚子餓的時間——不過這種作法在寶寶一歲之前，或許並不需要。）

每一天，寶寶對食物的興趣如何，可能都無法預期。他可能連續三天，每一天餐餐都想吃，然後接下來四天，卻恢復到只喝母乳或配方奶。這種進兩步、退一步的自然進程跟家長有時被鼓勵要遵守的嚴格時間表不同。不過，採取這種作法的前提是，你得讓你家寶寶自己控制過程，他才能逐漸建立起攝取固體食物的進度。如此一來，他的身體一方面能繼續攝取所需的全部母乳或配方奶，不必倚賴營養成分較低的食物來填滿，一方面還能調整成適合「自己」的步調。

（小提醒）

❧ 在寶寶不餓的時候給他固體食物——奶水仍是他主要的營養來源。

❧ 把注意力集中在遊戲和實驗上。

❧ 盡可能讓寶寶在你們用餐（以及點心時間）時加入你們。

❧ 確定寶寶身體是坐直的，並安全的坐在餐椅上或是你的膝上。

準備方便手抓的食物

　　BLW 在初期幾個月的重點是，提供方便讓寶寶拿起來，放到嘴邊的安全食物。所以，雖說你盤中的所有食物他幾乎都能自由抓取，但食物的形狀和大小如果是他方便拿的，那麼拿起來就比較簡單，挫折感也會少些。

　　六個月大的寶寶拿東西用的是整隻手，通常要幾個月之後（九個月大），他們才會用大拇指和食指來捏起小東西。這意味著，他們必須能用手把整塊食物圈住才能拿住，所以東西不能太寬或太厚，讓手圈不住。

　　這個年紀的寶寶也需要食物突出手掌之外，因為他們無法遵照心意打開拳頭，把東西拿出來。寶寶剛開始時，目標不會太準確，所以長條形狀的食物比短的有機會被他們拿到。**長棒形或「手指」形食物，至少五公分長**，表示就算長度有一半被握在手心裡，也還有一半可以吃。在這裡無需講得太精確——你很快就能看到你家寶寶是如何處理的了。

　　青花椰是很理想的初食，因為花椰菜原本就有一段「握柄」——不過任何種類的水果蔬菜，以及大部分的肉類都能被切成類似**粗手指的形狀**。所以，幫寶寶洗好手，確定他安全地坐直了，然後只需給他一些長棒子形狀的食物玩就行。

如果你給的是蔬菜，請記住，不要太軟（否則寶寶在試圖握住時，就會先爛成一團泥）、也不要太硬（否則寶就無法輕鬆的啃了）。參見第四章，裡面有更多如何為寶寶調整食物的資訊。

六、七個月大的寶寶，一般正常情況下，會去咬或啃突出於他拳頭之外的食物。他可能會咬掉一小塊，讓剩下的其他部分掉到地上，然後再去拿其他東西。這並不是他不愛吃該食物的跡象，而是他還無法遵照自己的意思來打開手掌，或是一次專注於兩件事。

第一階段通常只會持續兩至三個月，所以到了八個月之前，寶寶應該就能吃到拳頭裡面的食物了。隨著技巧的進步，你也會發現寶寶能夠處理比較小塊以及形狀較難掌握的食物了，不再需要食物有「握把」。

「一開始，我把所有東西都切割成手指形，但我沒發現，這些形狀還不夠長。露西無法將手往下移，或是放開食物。食物無法突出於她拳頭之上，讓她有得吃。她挫敗感一定很強。我不知道她能做什麼、不能做什麼。一段時間之後，我才發現食物的長度必須足夠，讓她有『握把』可以握住。」

蘿拉，十歲大喬伊絲以及十七個月大露西的媽媽

提高協調性

　　當寶寶可以準確地拿起塊狀食物，並學會打開手掌心去取出裡面的食物時，通常已經度過了使用兩隻手來餵自己的階段了。這全是他們發展協調性的部分。在這個階段，他們常會發現，用一隻手指引著另外一隻抓住食物的手，比較容易把食物送到嘴邊。寶寶一旦了解了這點，你就會注意到，她「錯過」嘴巴的機會比之前少多了。

　　在初期階段，有些寶寶在咀嚼食物時，會用一隻手，或甚至兩隻手來將食物維持在嘴裡。這是因為他們還沒發現如何在不打開雙脣的情況下，開合下顎。當寶寶學會在緊閉著雙脣的情況下咀嚼時，她就能用雙手去將下一口食物準備好，而不讓第一口食物掉出來！

　　寶寶大約在九個月大前就能用大拇指和食指拿起小東西了，這之後，他就能處理像是葡萄乾和豆子這樣的小顆粒食物。他也可以「沾」或挖得相當準確，所以你可以拿軟的食物，像是鷹嘴豆泥或是優格讓他配著麵包條或是一塊寶寶米餅吃，或是直接用手指吃。（如果你想在寶寶還無法自己做「沾」這個動作前給她流質性的東西吃，你可以幫他用湯匙或食物塊做沾或挖的動作，然後直接把沾好的食物給他，讓他舔掉）。

　　只要你能提供寶寶足夠的食物讓他「能」拿，那麼在他還

噢，咬到手了！

　　有時候，寶寶會把手指頭和食物一起送進嘴裡。這種情況可能一直都沒關係，直到哪一天他們偶然重重的咬到！如果有一天你家寶寶在吃東西突然大哭，可能就是這麼回事。不幸是，這種事情，你根本無從防範起——他得自己去發現。所以，直到他找出解決之道前，你都只能隨伺一旁，很快的給他一個擁抱，然後拚命親他。

太小處理不了食物的時候，用食物進行實驗是蠻好的（不要給他容易發生噎到危險的食物，像是整個核果，以及帶籽的水果 。多多處理各種不同質地與形狀的食物，能幫助他發展出攝取各種餐食所需的技巧，而他的能力，可能會讓你大吃一驚。

 ## 「提供」而不是「給」

　　我們常提到「給」寶寶食物，但是採取 BLW 時，我們真正做的是「提供」——把適合的塊狀食物放在寶寶伸手可及的範圍，無論是你的碗盤裡、餐桌上或是高椅的托盤上——然後讓他決定要怎麼做。寶寶可能會去玩食物、把食物掉到地上、弄髒它、放進嘴裡，又或者把鼻子湊過去聞一聞。但是吃或不吃，得由他決定。

> 「蜜麗現在愈來愈會操控食物了。她會把花椰菜轉個方向好吃到花，因為她知道花的部分比較容易吃。她也學會了怎麼吃蔬菜水果，然後把皮留下。」
>
> 貝絲，十個月大蜜麗的媽媽

> 「布朗雯現在挖東西到嘴裡的技巧愈來愈好了，她不再只是握著某個東西的棒子部分。她也會撿起小東西，將整隻手放到嘴巴裡，讓裡面的食物掉在嘴中。然後，她會仔細吸吸自己的手指頭，接著伸手出來要更多。」
>
> 斐，四歲威廉及七個月大布朗雯的媽媽

我們很容易就會忍不住，想幫寶寶把東西放進嘴裡，但讓他自己控制不僅樂趣較多，也安全得多。幫寶寶把食物放進嘴裡容易發生噎到的危險。讓他自己決定要不要把食物拿起來非常重要，這樣一來他才能選擇是去探索食物，還是吃吃看，所以請試著讓他自己做決定。BLW 在採用「放手」方式時，效果最好——你愈相信寶寶能以自己的方式、自己的時間步調來進行，寶寶就能學得愈快，也會變得更有自信。

提供食物之前，請確定食物不要太熱，實際嚐一下比用嘴唇或手指頭去試溫可靠。有個好秘訣，是把寶寶的食物擺在盤子上，放進冰箱半個小時，這樣更容易降溫。如果大家都忙著吃自己盤裡的東西，但寶寶卻還得等他的食物冷卻，那麼他可能會有被拋棄的感覺！

 ## 該提供多少分量

　　寶寶開始吃固體食物時，吃得很少，玩得很多。在最初的幾個禮拜，你給他的食物最後大多會落到沙發上或地板上，這主要是因為寶寶可以把食物拿到嘴邊，在吞下食物之前先行咬嚼。這句話真正的意思是，即使東西到了寶寶嘴邊，或許還是會再掉出來。在初期的這些日子裡，他可能會對食物失去興趣、很快厭倦，又或是只想玩，玩到只吃一點點。很多寶寶喜歡慢慢來，嘗試不同的食物切塊、來來回回的玩食物。這些情況都很正常。請記住，在這個階段，他還是可以從奶水中獲得所有營養的。

注意微波食物的溫度

如果你要用微波爐來處理食物，那麼在加熱的過程，一定要停下來翻面或攪動——在提供給寶寶吃之前，一定要先測試溫度。在測試微波加熱的食物時，拿出一口的量，用嘴唇測試溫度比較安全，因為微波爐加熱的食物熱度可能不平均，有些部分可能會出乎意料之外的燙嘴。

即使寶寶開始少量吞嚥食物，許多食物還是會被撒出來、弄髒、掉得到處都是。這種情形有些是他故意的——這是學習的一個重要部分——有些則是失誤，因為他還不成熟，無法穩穩的握住食物。

一開始，從三、四種食物提供起，或許是一塊胡蘿蔔、一支青花椰的小花以及一條肉（又或是任何你正好在吃的合適食物）。請準備並多提供食物給他，或是把他掉落的食物撿起來還他。在最初的幾餐飯裡，限制他只拿一種食物聽起來是個蠻讓人心動的主意，反正他又不會真的去吃。但是，這種作法會讓他感覺無聊，然後你就會發現自己一直在撿食物，每隔兩分鐘就得撿起來交還給他。所以，一開始只給他一點點食物，然後別去管他到底吃不吃，這樣情況會好得多。

從另一個方面來說，在寶寶的碗裡，高高的堆疊各種不同的食物，也不是什麼好計畫。一開始，最好先少量，之後再加量。在初期時，許多寶寶會被太多的食物種類與分量打敗。有些寶寶會把所有食物一把推開，有些則會專注在一種食物上，然後把其他所有的食物都從餐椅的托盤上往下扔，也有乾脆轉開頭的。一開始，請先觀察你家寶寶對食物的反應，再來看看，多少分量是他能夠接受的。

「我們剛開始的時候，我在愛塔的盤子上放了很多食物，而她做的事情實在非常好笑：她幾乎是一塊一塊的拿起來，往後一扔，直到盤子裡剩下一塊。那時，她才小心翼翼的用手抓住開始吃。吃完後，她會四下觀望，想找更多來吃。但是我不能只把她的盤子加滿，因為全部又會被扔下去。好像是，如果一下子在她眼前放了太多東西，她會很困擾。最後我想出一個辦法，那就是，找另外一個盤子來盛放她的食物，而她眼前一次只放個一、兩塊。」

茉麗，三歲大愛塔的媽媽

当寶寶餵自己的技巧愈來愈好後，你會發現，掉落的食物變少了，吃掉的變多了，每一餐她可能會吃多少分量，你也會有感覺了。

不過，請注意！從這個情況到決定他「應該」吃多少只有一小步，但這卻不是 BLW 的範疇。鼓勵孩子吃下比需求更多的食物是不必要的，長期來看，甚至是有害的。最輕微的影響是毀了他進食的樂趣，最嚴重的則是讓他長大以後可能會吃太多。寶寶要吃多少，應該要出自於他自己的決定。是他的肚子，要吃多少，他會知道的。

（小提醒）

不要一次給寶寶太多食物，但是準備的量要比你認為他需要得多，這樣才不致於在他有興趣前就缺了東西。如果你給寶寶的分量比你認為他「應該」吃的少，他很可能不會剩下太多，而且他如果需要更多，很快就會讓你知道。就算他沒表示出來，你對於他的食量也會有更好的判斷。

想吃多少就吃多少

　　雖然我們很多人在成長的過程中，都會被告知要把碗裡的東西吃乾淨，不要浪費食物，這才是應有的禮儀，但是對嬰幼兒而言，這一點，完全不管用——如果是成年人，這種作法只會讓人聯想到吃太多了。所以，就不必期待你家寶寶會把碗裡的東西全部吃完，這一點很重要，別勸他多吃，想吃多少就吃多少。他應該有權從你提供的食物中選擇想吃的分量（無論是多是少）吃掉，如此他才能選擇所需的營養。如果他把你給的食物全部吃光了，而你還在糾結他有沒有吃飽，想盡辦法要給更多（或是不同的），那麼拒絕就是他用自己的方式，在跟你說他吃飽了。雖說他吃下的分量可能不如你認為該吃的多，但他不需要你利用湯匙再去填鴨。吃個精光或許能取悅你，但並不表示他需要。

　　「我是在戰亂時長大的，那時還在實施定額配給制度。浪費糧食這件事是你我無法承擔的。如果我不把碗裡的東西吃光，下一頓飯，這些食物肯定還會出現在我碗裡。必須完食這種感覺（就算我不喜歡），一輩子都會緊緊跟隨著我。」

　　　　　　　　　東尼，三個孩子的父親，五個孩子的祖父

當寶寶拒絕食物

　　如果你家寶寶拒絕某種食物，那是因為他「在那個時間點」上不需要（或是不想）。這並不表示你廚藝不佳，也不代表，當你再次拿給他時他也不吃。當然囉，如果寶寶吃的食物和家中其他人一樣，而不是你特別準備的，那麼他吃多吃少，你或許不太會注意到──這也是和大家一起分享食物，而不是單獨準備食物，對你對他而言，壓力比較小的另外一個原因。

（小提醒）

❥ 寶寶進食之前，先幫他洗手。

❥ 提供給寶寶的食物要切成長條棒狀，至少五公分長，一半可以握在手裡，另一半可以讓他咬來吃。

❥ 一定要確定，決定什麼食物要進到嘴裡的人一定要是他──食物要放在他容易拿取的地方（他餐椅的托盤裡或是桌上）。

❥ 檢查一下，不要讓食物太熱（自己吃一口試試，這樣比用手指頭試溫可靠）。

❥ 剛開始吃的時候，給寶寶少量的食物就好。給太多可能會讓他心生畏懼。

❧ 要多準備一點食物，萬一他還想要時就有。

❧ 別忘記，把碗裡或盤中的東西「吃光光」不是你的目標——
寶寶只依所需取食適當分量才是重要的。

❧ 如果你準備的東西他不吃，也別覺得失望。

❧ 無論寶寶是在吃東西，還是玩食物，都一定要有人陪著他。

注意寶寶嘴裡藏食物

　　寶寶偶而會把某塊食物藏起來，通常藏在嘴頰，只為
了再一會兒後再將它弄出來。這樣的事情通常是發生在他
們還不懂如何使用舌頭來把卡在牙齦和嘴頰之間的東西掏
出來之前。從安全方面來看，吃完東西之後，寶寶開始玩
耍或是小睡之前先檢查一下，確定嘴頰裡沒有卡食物是個
好主意。你不必去他嘴裡掏，也不用抓住他好好檢查，只
要玩個遊戲，讓他把嘴巴張大（也可以讓他模仿你張嘴）
就好。如果他大到可以了解了，可以教他自己用手指頭去
檢查，看看有沒有東西藏著。

讓寶寶自己學習

寶寶透過模仿來學習,他們喜歡加入參一腳,所以只要時間允許,盡可能跟寶寶一起吃飯,自己吃什麼,也給寶寶一些相同的食物吃,這一點很重要。事實上,妳可能會發現,他對你碗裡東西的喜愛,勝於自己碗裡的,即使食物一模一樣還是如此!(這或許是他的一種直覺,可以檢查食物是否安全)。

跟寶寶講講這些不同食物的事,把食物名稱告訴他,形容食物的顏色和質地給他聽,這樣他們在學習新字彙的同時,還能一邊發展新技巧。

> 「米娜知道一塊胡蘿蔔長什麼樣子,而不只是一堆橘紅色的泥。我們會談到食物,所以她也就漸漸知道了不同蔬菜的名稱。我會說,『花──菜──在哪裡?』她就會把花椰菜拿起來,這實在太棒了。當你把食物全都磨成一堆泥,寶寶根本沒機會學習真正的食物是怎麼回事。」
>
> 笛堤,十個月大米娜的媽媽

透過模仿來學習要先觀察，然後才能去做——也包括犯錯。讓寶寶找出自己處理食物的方式，不要提供他真正需要之外的任何協助，這一點很重要。提供太多幫助（或是干擾）、批評他、嘲笑他，或對他生氣都會讓他感到困惑，可能讓他因此而停止嘗試。從另一方面來說，當他「做對」時，也不必去讚美他。畢竟，他是不會把掉落一塊食物視為「失敗」、也不會把吃掉一塊食物當作「成功」的，對他來說，這只是實驗中有趣的一環而已。

嘗試去幫助或是指引寶寶，對他來說可能也是一件會讓人分心的事。別忘了，他正專注在學習與食物相關的事情上，並正在學要怎麼吃掉它。如果他需要妳伸出援手，他會讓你知道的。大多數的寶寶都很想自己去弄清楚要怎麼做。

「一開始，傑麥爾可能正處在把東西撿起來的過程中，我們在他無法好好處理時伸手幫助——但是你看得出來，我們出手時，他的專注力被打斷了。如果我們讓他自己去處理，他則高興得多。」

西蒙，八個月大傑麥爾的爸爸

在寶寶學習如何處理食物的初期，你可能會發現他偶有發出嘔聲的情形。這種情形雖然會讓人心生警惕，但其實不需要過於擔心，也沒必要嘗試去阻止。事實上，這是學習中重要的一部分，可以教導他如何安全的吃，而不要把食物往後推得太進去，或是把嘴巴塞得太滿。幾個禮拜後，當他學會如何避免這種情況時，作嘔的情形自然會停止。

像這樣的初期經驗，如果你不把它當成是用餐（吃東西）的時間，而是遊戲與學習的機會，那麼就沒理由限制它一天只能一次、兩次、三次，或甚至得遵守一個特定的時刻表。事實上，當寶寶有更多探索食物、練習吃東西的機會時，他就愈能在短期間發現這是怎麼回事，並發展出之後肯定用得到的自我餵食技巧。

處理挫折感

有些寶寶在開始探索固體食物一段短時間之後，似乎就進入挫敗期，原因似乎是因為技巧發展得還不夠快。把寶寶沮喪或生氣的原因想成是肚子餓雖然相當合理，但最初幾週內，寶寶肚子如果真的餓了，餵的幾乎都是母乳或配方乳，不是固體食物。吃飯時間是用來實驗的，而且幾乎可以確定，寶寶還沒發覺吃固

體食物可以填飽肚子。所以挫折感就不是固體食物不足的跡象了，況且他也不需要家長幫忙把固體食物磨成泥，用湯匙餵；奶水已經足以滿足寶寶的需求。用湯匙餵似乎可以解決問題，但這只是因為寶寶暫時被分神了。如果他餓了或累了，最好還是餵他喝奶，或鼓勵他去小睡一下。

在採取 BLW 的前幾週，寶寶也可能會產生挫折感，因為他們想對食物做出的動作未必都能順利做到，同樣的道理，新玩具的挑戰度也可能挺高的。問題通常都是出在食物並未被切成正確的形狀，或是外表太滑，寶寶握不住，所以注意這一點很重要（參見，「準備方便抓的食物」）。好消息是，雖說採取 BLW 的寶寶有一段時間有沮喪感是很常見的事，但這種情況很少超過一週以上，同樣的道理，新玩具帶來的挫折感也不會永遠持續下去。

 給寶寶充裕的時間

寶寶學習需要時間，所以別去催他們是很重要的。初期時，寶寶一頓餐隨便就會花上四十分鐘——這是因為他在把事情做「對」之前，需要花時間去反覆練習每一項新的技巧。

讓寶寶有時間去充分咀嚼食物非常重要，因為這樣有助於消化，可以預防肚子痛和便秘。如果你讓寶寶用自己的步調去吃東西，他也會去學習什麼時候算是吃飽了（吃太快容易和較大兒童與成年人的肥胖症產生連結）。

有些寶寶在探索其他東西時，喜歡把食物留在碗裡面，稍後再回頭過來吃。這種「吃碗裡看碗外」的習慣很常見，所以如果你有很快清理餐桌餐具或是想自己把寶寶食物吃掉的衝動，請忍住，站在寶寶身後，看著他摸索著自己來可能是 BLW 中最困難的部分。如果你能放輕鬆，很快就會發現，這個時期不會永遠持續下去。事實上，你給寶寶更多時間來學習如何處理食物──去聞、去感受、去玩──他在吃的時候就會在更短的時間內變得有自信、有技巧。

「意玻用自己的速度吃的時候很高興。有時候，他會坐很久但沒吃幾口，但是突然之間卻又張口大吃。有幾天，他吃得超多，但是接著幾天除了奶水什麼也不吃。我們真的必須去信任他，不要去干擾他。」

艾曼達，八個月大意玻的媽媽

不要給寶寶壓力

　　有些寶寶在吃東西如果覺得難為情，或是被父母（或別人）一口一口盯著看，覺得有壓力，也有可能會把食物推開不吃。寶寶吃東西時，不要太去注意他。你可能很愛看著他吃，但是被人盯著看可不會舒服。用餐時間應該是每天正常、愉快的活動。你安安靜靜的支持，而他擺弄食物，吃下肚子的獎賞就是他發展進食技巧與自信所需的一切。

> 「我記得安瑞可七、八個月大的時候，我們有一次跟朋友一起吃飯。他們眼珠轉也不轉的盯著他吃飯——一副非常焦慮的樣子。我看得出，這件事讓他很不高興，不過，這對他們來說應該是個全新的經驗吧。」
>
> 安琪拉，兩歲大安瑞可的媽媽

 全家一起吃飯

　　全家人如果一起吃飯就再理想不過了，因為孩子能學到的可比處理食物要多。他可以學到如何輪流、如何對話，以及餐桌

禮儀。但是家人如果非常忙碌，要找出時間一起吃飯挑戰性很高——特別當雙親之一（或是兩人）都長時間在外工作，不在家中時。不過，最重要的事還是盡量不要讓寶寶一個單獨人吃飯。所以，即使無法全家共同進餐，最起碼也要有人陪。如果寶寶是由他人代為照顧，那麼就跟奶媽或是照顧他的人說明這一點，那麼就算你不在身邊，他也能有與人共餐的經驗。

在許多家庭裡，早餐都是匆忙的，特別是父母兩個人都有工作，或是有大一點的孩子必須送去上學或幼兒園的。許多寶寶最初對於早餐興趣缺缺，但是一旦產生興趣後，似乎就能適應得很好，他們不在乎早餐的時間「對不對」。所以，寶寶也可以等你送完其他孩子上學後，跟你一起吃，或是送到奶媽家時，和奶媽一起吃。如果你不是外出工作的職業婦女，和孩子一起吃中餐大概是最容易辦到的。吃食不必精緻，只要營養，有點變化就好。

全家一起共進晚餐通常是最難安排的，特別是父母親經過一天漫長的工作後。所以，通常會變成主要照顧者（一般是媽媽）吃了兩頓；一頓跟寶寶，另外一頓跟下班回家的伴侶。

你或許可以重新調整一下寶寶的上床時間（如果時間很早的話），或是改變自己吃晚餐的時間（如果很晚的話）。請別忘記，寶寶初期並不需要在正常的用餐時間吃固體食物「餐」，因為他不靠這頓餐食來止飢。只有在他開始多吃、發現食物可以止

飢之後，你才能看出他的飲食模式。那也正是你可以開始規劃如
何讓家人的用餐時間與他的需求相配合的時候。

全家共餐時，最好能圍著一張餐桌，但未必非要如此不可。
如果你平常是端著飯菜坐到電視機前吃飯的，那麼只要把電視關
掉（讓寶寶可以專心），並把他的餐椅拉到你身邊即可。或許也
可以在地上鋪一張毯子一起吃飯呢？室內室外都好。

你的目標是要以對待其他共餐家人同等的尊重，來對待你
的寶寶。意思是，不要去叫他吃什麼、吃多少，不要時不時去擦
他的臉，他還在吃飯的時候，要忍住誘惑，別去進行清理工作！

「我和莉亞一起坐在桌邊吃飯時，她吃得比較好、也咀
嚼的比較好。她一整個吃飯時間都盯著我看，模仿我咀嚼的
動作。有時，我偶而會起身做點別的事，她的焦點肯定就不
見了。」

艾蜜麗，七個月大莉亞的媽媽

（小提醒）

- 設定目標，盡可能和寶寶吃一樣的食物，並且一起吃。

- 要給寶寶充分的時間去探索食物，並決定想怎麼處理那些食物。

- 跟寶寶講他正在探索的是什麼食物。

- 不要去勸寶寶吃比他真正需要更多的食物。

- 盡可能讓寶寶自己處理食物，這樣才能幫助他培養技巧。

- 當寶寶學習有得時，跟他一起分享喜悅。不過別忘了，沒必要透過讚美或則被去引導他的學習。

全家一起吃飯

BLW 的故事

當歐文能夠自己把上身坐直，我就讓他坐在我膝蓋上，和我們一起上桌吃飯，那時他只有幾個月大。從一開始，他就馬上能拿起食物，但是食物幾乎都送不到嘴裡——我可不認為他只要幾天功夫就什麼都會。

但是，他的手眼協調能力以及把東西送進嘴裡的方式真的都改變了，即使他在兩個多禮拜之前才剛剛開始。第一次，我給他梨子時——那是其他孩子都在吃的東西——他一拿就滑手，什麼也沒抓到。而當他下一次再拿梨子時，就開始施力擠壓著，直到摸索出讓梨子留在手中所需的力道。之後，他又開始嘗試，看看能不能換成左手拿東西，他也發現，把東西遞到右手，東西比較容易被放進嘴裡，現在他則開始利用左手做引導的工作了——用左手把右手推去靠近嘴巴，這實在太有趣了。

事實上，他吃東西似乎還是玩票性質。他的便便沒有改變，裡面有幾塊胡蘿蔔，但仍然是餵母乳產生的便便。食物似乎是讓他拿來品嚐並實驗的，不是吃的。

能夠去信任寶寶的本能讓我感覺良好。他不會一直想吃東西。晚餐時間，他常會因為太累而對食物缺乏興趣。早餐時，有時因為我起得晚，又忙著送其他小鬼頭上學，所以也沒給他多少東西吃，但是這一點，我倒覺很釋然。不過，只要我一坐下來吃飯，就會一定讓他一起過來吃——我真的非常享受跟他一起共餐呀。

和歐文一起共享正常的家庭食物對我來說很有意義；這比之前我幫前面兩個做食物泥簡單多了。事後回想起來，堤歐（我的老二）到七個月之前都還沒有準備好要吃固體食物。他不愛軟軟的食物，也不愛被人餵——他把東西全都吐出去。直到我們允許他自己吃之前，他真的不愛多吃。一開始就讓孩子自己來，似乎比較順應自然！

珊米，八歲愛拉、五歲堤歐，以及八個月大歐文的媽媽

 ## 要預期會弄得一團亂

寶寶不理解「髒亂」這個觀念，所以才會一直把玩具四處亂丟或亂扔，這是他學會地心引力、距離、以及自己手勁的方式。最初，食物只是另外一種玩具，所以寶寶會用相同的方式來實驗。讓他們感到高興的是，他們會發現，直到目前為止，他們還沒有處理過能以這些方式被壓扁、抹開的東西（玩得一身髒亂，麵糰通常是大一點孩子玩的，為的是避免小小孩把些東西吃進肚子！）

有時候，小寶寶會搞得一團亂只因為他們技巧尚未成熟。他們在嘗試拿起食物時，常常會把東西打翻、或是推到一邊。由於一開始還無法完全依照他們的意思來打開拳頭，所以當興致被

吸引到其他地方時，就常會意外的讓東西掉下去。當你看著寶寶樂得開開心心的把食物從他餐椅邊緣呈拋物線丟出去時，重要的是，請你千萬記住，他「不知道這樣做有什麼關係！」他不知道東西掉了要清理，他只是專注於重要的學習活動。你的心態愈輕鬆，他學得愈快。

當寶寶的技巧發展起來，也發現把你提供的食物吃進肚子後的喜悅時，髒亂的情況就會很快減少。事實上，採取 BLW 來讓寶寶離乳的家長都會表示，和其他寶寶相比，這段髒亂期其實很短，而他們的寶寶在極短的時間內就能發展出進食的技巧。也請你別忘了，採用 BLW 在用餐時間雖然比匙餵的寶寶容易製造髒亂，但是在準備階段，凌亂的工作可是少多了，因為不必去清洗果汁機或是篩子。

髒亂是無可避免的，這是寶寶學習中重要的一環──嘗試去對抗它猶如螳臂擋車。對付髒亂的祕密就在於歡迎它的存在，並事先做好準備。意思是，好好想想你要如何跟寶寶（以及你自己）敘述這個自己進食的冒險記，以及能把寶寶的周遭保護得多好。這也意味著要容許吃飯會花掉許多時間，要給寶寶許多練習的機會（這樣他才能學會如何將髒亂降至最低程度）、並且有充分的時間去清理。

「吃飯時間已經變成米羅最髒亂的遊戲了。他學會了跟食物質地與數量相關的事，並透過處理食物來倒東西，這對於手眼協調真的大有幫助。孩子們喜歡會弄得一身髒的遊戲。在幼兒園裡，你會看到孩子玩著上面裝著彩色果凍或是煮好義大利的大盤子——但這可不是拿來當晚餐的東西。這是他們的遊玩時間！是打前鋒的學習。夠神奇吧，不是嗎？」

　　海倫，七歲大莉西、五歲大保羅、以及兩歲大米羅的媽媽

➤ 寶寶圍兜

　　寶寶和你不一樣，不會就剛好坐在食物邊上，他得伸長手臂才能搆到想要的食物。長袖子可能會被食物蓋到，對他形成阻礙，所以穿短袖比較好。圍個圍兜兜對於保護身體正面也有幫助——長袖的圍兜（或是幼兒畫畫圍裙）可以把他的手臂一起遮住，但同樣也會形成阻礙。立體防水圍兜（Pelican bib）防水前袋軟兜對於承接漏下來的食物很好用，但似乎會限制了小寶寶的行動，所以一開始或許不是個好主意。

　　有些家長喜歡讓寶寶穿著小內衣吃東西——天氣如果夠暖和，甚至讓他們只包著尿布吃，因為洗身體可比洗衣服容易。（如

果你家寶寶在固定的時間洗澡，請確定這個時間是在他吃完東西「以後」）就和坐餐椅一樣，如果寶寶不喜歡穿圍兜，那就不值得花時間去和他爭──用餐時間應該要充滿歡樂。你的寶寶可能會把食物弄得整頭整臉、頭髮裡、衣服上都是，而你就接受吧！現在到底還沒發明可以讓食物自動找路返回餐椅的座位，或是不掉到地板上的機器。事實上，當你家寶寶做完用餐實驗後，食物渣渣的去處，肯定能讓你大感驚奇的。

水果留下的汙漬

要小心水果汙漬。寶寶吃水果（尤其是整顆水果）時，似乎會又吸又咬，吃到不知何年何月，而水果的果汁或果肉常常會從他們的下巴和手滴下來，沾到衣服上。當時你可能沒注意，但有些水果，例如香蕉和蘋果，會留下很深色的汙漬的。

當佳斯開始採用 BLW 後，我真的拿出 1950 年代樣式的圍裙來用，而且一用成主顧。如果寶寶在用餐時坐在你膝蓋上，你會被覆蓋住──圍裙會把所有的髒渣渣全都兜住！」

露伊絲，二十三個月大佳斯的媽媽

「飯後，你就拿一條乾淨的溼紙巾開始擦：擦寶寶的臉、寶寶的手，再把他放到其他乾淨的地方去。之後，你把溼紙巾翻過來擦桌子，把桌上所有食物掃到地板上去，然後你再去擦餐椅，並把所有的殘渣掃到地上去。這樣地上就堆了一座小山了——基本上，整頓晚餐的殘渣都在那裡。你再把全部的渣渣包進溼紙巾裡面，放到垃圾桶，然後再把溼紙巾也放進垃圾桶。一頓飯一條溼紙巾。什麼都擦好了。」

海爾，八歲哈娜、四歲納山和十七個月大喬的媽媽

❧ 保持地面清潔

地毯可以用一大塊「防污墊」保護起來，以保持清潔，這樣所有掉落的食物（或是被丟下來的）都能夠撿起來還給寶寶。無論是塑膠布、棉布、野餐墊或是油布（甚至是淋浴簾子）都可以；工業用的塑膠布可以用公尺為單位購買，是一個比較便宜的選擇。有些家長則乾脆用報紙，這樣餐後可以直接丟掉，不必花時間清理。

「我們試過用防污墊，但那種塑膠布太薄，直接抹抹不乾淨，所以我們必須跪下來，用手擦。最後我們決定使用便宜的棉質桌布——在餐後，我們可以直接將髒東西抖到垃圾桶，然後把桌布塞到洗衣機去。我們最後有兩、三條桌布，這樣就能一直有乾淨的桌布可以用了。反正寶寶要洗的東西實在太多了，所以多一條桌布沒什麼不同。」

露絲，十九個月大蘿拉的媽媽

 準備合適的用餐設備

（餐椅）

餐椅有各式各樣的形狀和大小。初期，帶托盤的樣式蠻有用的，但是孩子如果大到可以上主桌去，空間會最省。其實最重要的是，寶寶會感覺自己是全家共餐時的一員。餐椅托盤如果可以被翻或拿起來，讓椅子貼近餐桌，那麼寶寶就比較容易接觸到食物了。在寶寶身後放個小靠墊或是一條捲起來的毛巾，都會有幫助。

如果你想選購的是帶托盤的餐椅，那麼請找托盤很寬的，這一般意味著，最後掉落到地板上的食物會比較少。請選購托盤

上帶著一圈邊的，因為沒邊的托盤看起來雖然漂亮，不過食物卻無法在上面停留太久。也請確認托盤和座椅的相對高度不會太高。如果托盤的位置和寶寶齊胸，那麼他就不容易摸到食物的（想像一下要在一張與你腋窩一樣高的桌子上吃東西的景象吧！）托盤可調高度的餐椅固然好，但是你如果沒有的話，在寶寶的屁股下墊上一條毛巾也可能幫他撐到年紀更大一些。

可以貼附到桌邊的攜帶式餐椅在外出用餐或是旅行時會很有用，但或許日常使用上並不是太舒服。有些餐椅在低的位置也能用，這樣如果你不是在一張標準的餐桌上用餐時就方便了。

高度能隨寶寶成長調整的餐椅一開始購入時，要價可能較高，但是當寶寶開始學步以後，你就不必買升降椅或是凳子了。有些餐椅甚至可以調整，作為較大兒童和成年人正常的椅子來使用。

寶寶的餐椅必須有綁帶來固定，這一點很重要——而且他每次坐到上面，你都必須把綁帶綁好。他或許還不會想嘗試爬出去，不過寶寶在上面扭動時，卻有發生意外的可能。

餐椅很方便，也可以長期使用，不過如果寶寶坐在裡頭不高興，那就別強迫他——他坐在你膝蓋上也可以吃東西，而且，他之後也可能改變主意，愛坐餐椅。

> 「如果我還有一個孩子，我對吃飯一事的處理可能不會有什麼不同──除了，或許會忘記有餐椅這件事！直到最近，愛丹才願意乖乖的坐在餐椅上──而他已經兩歲了。而我們剛才決定，不去理會他要不要坐，因為他不喜歡。我剛剛才接受他可以坐在我膝蓋上，而不是為了椅子的事，和他對抗。他扭來扭去的時候，要切食物很難，不過除了這一點之外，我們還挺喜歡的。」
>
> 蘇，兩歲大愛丹的媽媽

(盤子)

很多家長發現一開始還是別去管盤子不盤子的比較簡單。六個月大的寶寶對碗盤的興趣可能跟食物差不多──特別是，盤子如果是專為寶寶設計，花花綠綠的──而且當這件事不是太重要時，可能就表示盤中所有的食物很快就會到地板上報到了。你的寶寶在嚐過食物後，是不會記得把它放回盤裡去的，所以，盤子周圍的地方自然布滿了食物。

只要寶寶餐椅上的托盤、或桌面夠乾淨（用溫和的清潔劑很快擦拭一下，或許你需要的只是一條乾淨的布），沒什麼理由

不能讓寶寶直接從那上面拿東西吃。另一種替代性作法則是放一個直邊的廚房餐盤在他身前的桌面上（或許盤子底下用寶貼 Blutack 固定），用附有內建袋口可以承接掉落食物的立體防水圍兜也行。

這些都能幫助你把髒東西承接起來，而且清理容易。

如果你想用盤子，那麼你可能會發現厚重的盤子，寶寶比較不容易舉起來，但是，萬一被舉起來，傷害比較大。能夠吸附在桌子上的盤子滿有用的，但當「你」把它拿起來時，盤子很容易就飛出去！你所「使用」的任何碗盤和杯子一定要乾淨，但是不必無菌。

如果你想保護桌面，建議你花點錢買張塑膠桌布或是油布桌布。這類桌布因為清理非常容易，所以很好用。不過最好別挑讓人「眼花撩亂」或是色彩太過絢麗的花色，因為這樣寶寶要看清楚食物、辨識食物會比較困難。同時也要確定，寶寶無法把桌布（以及上面的任何東西）拉到他膝蓋上或地板上。

準備合適的用餐設備

BLW 的故事

大概一個月前，詹姆士開始清楚的讓我們明白，他想和我們一起上餐桌，他再也不滿足於一個人坐在嬰兒椅上看著我們吃飯。有些人說，當寶寶對用餐表示出興趣，就代表他們已經準備好可以吃飯了，但是我覺得他不餓啊，他只是想參一腳，就好像他看到其他寶寶爬來爬去，想模仿卻很挫敗時的情況一樣。

一開始，他對於用餐時大家「做」的事感到興趣，而不是食物本身。兩週前，情況有所改變了。他現在坐得很穩，想要的，不再只是拿支湯匙玩玩，或是找個好東西來吸他想要抓東西。

幾個禮拜前，他抓了一塊小黃瓜，但那時候，他還抓不好東西，所以小黃瓜掉了。其他小孩很皮，他們想給他吃的東西。他的哥哥給了他一塊胡蘿蔔、一點滑溜溜的香蕉，以及一嘴的優格。有一天我們外出野餐時，他抓了一個蘋果核來吸，一副非常開心的模樣。我還給他切成長條的番茄來吸，看來他很享受那滋味。我覺得，他已經做好進食的準備了。

所以今天，我第一次提供東西讓他吃。那是一塊成熟美味的梨，他真的愛死了。我想，當他想吃又終於獲得許可去吃，一定非常高興，因為他不是聽我說，「喔，不行喔，

你還沒大到可以吃呢!」

昨晚,我做了雞肉燉豆子,那時我心想,「詹姆士吃這個不知道會怎樣呢?」我猜,他得用兩隻手來撈,或是抓著雞肉塊吃。現場肯定會凌亂不堪,不過,我得適應才行!我想這會是我的挑戰:「他吃什麼,又能造成太不同的呢?」

珍,七歲蘿絲、三歲愛德華以及六個月大詹姆士的媽媽

 寶寶主導式離乳法成功施行的祕密

➥ 一開始就把用餐時間當成遊戲時間。用餐時間是用來學習並實驗的——未必一定得吃。寶寶的營養還都來自於母乳或配方奶。

➥ 依照寶寶的需求繼續餵奶,這樣一來寶寶的固體食物就是外加的,而不是取代原來的。寶寶會以自己的步調,逐漸減少喝奶的量。

➥ 別期望寶寶一開始就吃很多。寶寶不會因為已經到了六個月大,就突然需要額外的食物。當他發現食物很美味後,就會

開始咀嚼，然後開始吞嚥。許多寶寶頭幾個月都吃得很少。

❧ 只要時間允許，盡量跟寶寶一起進食，並讓他跟你一起用餐，這樣他才有更多機會好多多模仿你，並練習一些新技巧。某些程度的凌亂一定有！來想想看要怎麼幫寶寶穿衣服，並保護好他附近的區域，這樣這些亂象處理起來就不會有壓力，掉落的食物也能安然返回。請記住，他是在學習呢，不是在幫你製造麻煩的工作。

❧ 讓用餐成為享受——大家都樂在其中。為了確保用餐時間的放鬆與樂趣，你會鼓勵寶寶多多探索並實驗。這樣他會興致勃勃的去嘗試新食物，也期待每次用餐時刻的到來。

(你應該做的六件事)

1. 在拿新食物實驗時，**確定寶寶是坐直的姿勢，背部有支撐。**早期，你可以讓他坐在你膝蓋上，面向餐桌。當他可以坐在寶寶餐椅後，用小靠枕或捲起來的毛巾讓他保持坐姿的直立，與托盤或餐桌的高度要適當。

2. 一開始要給寶寶容易拿起來的食物。厚厚的手指棒狀食物最容易。盡可能（前提是必須合適）給寶寶和你所吃食物相同的東西，這樣他會覺得自己是進行式的一部分。別忘了，小

寶寶吃不到拳頭中握著的食物，所以不要期待他會把整塊食物都吃掉。**當他把突出拳頭的部分吃掉時，請再準備東西給他。**

3. 提供他多樣化的食物。沒必要去限制寶寶對於食物的經驗。**不要每頓飯給他太大的量，**讓他負擔過重雖然很重要，但每一週提供他許多不同口味與口感的食物，讓他在選擇營養成分時，有廣泛的範圍也很重要，這還能幫助他發展進食的技巧。

4. 和從前一樣，繼續提供他母乳或嬰兒配方奶，在他用餐時給他水喝。當他開始吃更多東西後，餵奶型態會有漸進式的改變，這一點是你可以預期的。

5. 和你的兒科醫師討論引介固體食物給寶寶的各種相關事宜，如果你的家族有食物不耐症、過敏或消化系統方面的問題，又或者你對寶寶的健康或發育，有任何其他的顧慮。

6. 跟有照顧你寶寶的所有人員說明 BLW 的操作方式。

（你不應該做的六件事）

1. 不要提供他對他不好的食物，像是「速」食，即時包或是添

加了鹽或糖的食物。保持食物的原味，不能讓他碰觸容易讓他嗆到的東西。

2. 寶寶肚子餓了要餵奶時，不要給他固體食物。

3. 寶寶在處理時食物時，不要催促他，或是讓他分心——請讓他專心，以自己的步調主導他正在進行的事。

4. 不要幫寶寶把食物放入口中（也要注意「好心幫忙」的小哥哥小姐姐們，他們也可能做出這種事）。讓寶寶自己控制是 BLW 中一個重要的安全機制。

5. 不要哄寶寶去吃比他想要更多的量。誘勸、賄絡、威脅或是玩遊戲都是沒必要的。

6. 任何時候「**絕對不可以**」放寶寶一個人單獨跟食物在一起。

寶寶主導式離乳法關鍵問答

我的寶寶五個月大，我已經餵她食物泥一個月了。現在能改用 BLW 嗎？

你的寶寶五個月大，雖說或許能自己拿起塊狀的食物，放

到嘴邊，但要她自己吃固體幾乎可以確定年紀還太小。除非因為醫學上的理由（這種情況，你應該去請教她的兒科醫師，請他們給建議），否則這個年紀的她，反正是不需要固體食物的。讓她恢復完全餵奶的狀況幾個禮拜，直到她身體的系統更加成熟應該會比較好。

如果你不想讓她停止固體食物，那麼直到她能自己吃東西前，你還是需要繼續給她食物泥。不過，如果你想讓她轉成真正的 BLW，那麼最好還是恢復只餵奶的情況（如果你是以母乳哺育的，那就多餵幾次，餵嬰兒配方奶的話，就增加每一次的分量），這樣你就可以不再餵磨泥的食物了。

 我的寶寶已經八個月大了，我一直餵她食物泥直到現在。現在開始改用 BLW 是不是太晚了？

要改採 BLW，永遠不會太晚！就算寶寶已經習慣被湯匙餵食，但如果給她機會，或許她還是能享受探索食物的樂趣的，而且還能因此從中受惠。不過，她的反應可能與一開始就採用 BLW 的寶寶不同。

一開始就採用 BLW 的寶寶，六個月大時就有機會開始實驗食物，並發展他們自我餵食的技巧，而這時他們所有的營養都還

是來自於母乳或是嬰兒配方奶。這意味著，在他們真正需要更多食物之前，都還可以練習自己餵食。但是，如果先以湯匙餵養一段時間來施行斷奶，然後才改採 BLW 的寶寶，進展可能就不是那麼順利直接，因為這個機會已經錯過了。

你會發現，初次給她棒狀食物時，她會一臉挫折，因為她無法以自己想要的方式來餵自己。已經習慣用湯匙餵養的寶寶，在肚子餓的時候可以用很快的速度大口吞嚥食物，因為磨成泥狀的食物並不需要咀嚼。

當寶寶肚子不餓的時候，給她機會自己餵食可以幫助你們避開這個問題，讓她能夠專注在探索食物的樂趣上，而不必想著要填飽肚子。

開始在她用餐的時候給她棒狀食物，伴隨著她平常習慣的食物泥，當她開始發展出自己餵食的技巧後，你會發現，她對你給她的食物泥興致降低了，而且最後也不需要這些食物泥了。

有些父母親會發現，習慣用湯匙餵養的較大孩子在被允許自己進食時，會試圖把太多食物塞進嘴巴裡。這可能是因為他們在吞嚥食物之前，並沒有機會去習慣咀嚼，又或許是因為他們還沒有機會去發現（透過作嘔反應機制）如何避免過度填滿嘴巴。當寶寶不餓的時候，鼓勵他餵自己吃東西是幫助他學會不要塞太

多東西進嘴巴的好方法。

　　無論寶寶在採用 BLW 時年紀多大，只要有人在吃飯，給他機會去一起吃。這樣一來，就能鼓勵他去模仿別人的行為，並發掘用餐時間的社交面。如果他已經超過一歲，你或許可以給他一套屬於自己的餐具，讓他模仿你的動作。

　　需要的話，在他的進食技巧跟得上胃口之前，都可以偶而繼續用湯匙餵他食物泥。

寶寶筆記

第4章

最初的食物

> 「在 BLW 剛開始的頭兩個半禮拜,我和我伴侶坐在餐桌前,吃著自製的蔬菜千層麵和豆子,而女兒則坐在我們身邊——吃著相同的餐食,津津有味的拚命吃著。她最後有被我們刺激到了嗎?有的!她的餐椅上有弄得髒兮兮的嗎?有的!這是我親眼目睹過最神奇的事情之一嗎?絕對是的!」
>
> 麗莎,十一個月大凱拉的媽媽

你該守住的基本原則

如果你讀過其他開始餵寶寶吃固體食物的指南,或許已經發現,對於哪種食物該以什麼順序給寶寶,裡面都有非常嚴格的指示。不過,這些建議大多可以回溯到從寶寶四個月大,甚至三個月大就開始餵食固體食物的年代。在現實生活裡,寶寶的免疫和消化系統在六個月大時要成熟得多,所以除非家族中有過敏的家族病史,否則這類的限制是不必要的。不論寶寶是否採用 BLW 都是如此。

就一般性準則而言,如果你們的飲食使用的是天然材料,那麼你和寶寶應該都很適合吃。盡量多採用新鮮的食物,烹煮時不要加鹽或糖。

不少人都從清蒸蔬菜或是水果開始，雖說這些食物一開始是寶寶最容易處理的，但是沒理由不讓他也品嚐一下燉煮或是烘焙的菜餚、沙拉、麵食、炒菜或是以烤物為主的晚餐——所有形狀合適的都可以。你應該提供：

🌿 營養豐富的食物——不必經過高度加工處理，或是加糖、加鹽。

🌿 每一天，至少要提供一次屬於每個主要食物類型的食物，只不過，寶寶此時還在探索階段，這一點還不是那麼重要，他只是在探索，吃得很少。

🌿 一週中的食物種類範圍必須廣泛，這樣寶寶才有機會選擇不同口味與口感的食物來試吃。

🌿 食物要切成寶寶能控制的大小與形狀（請記住，他的技巧將會在短期間內突飛猛進）。

　　第七章中對於營養以及如何提供全家健康、均衡的飲食，有很多詳細的資訊。當你看過寶寶自己處理食物的情形後，你會發現，要調整全家的飲食讓寶寶可以加入有多麼容易。

你該守住的基本原則

必須避免的食物

(有噎到危險的食物)

有些食物的形狀對嬰幼兒和兒童來說，進食的風險特別高。核果類就是大家最熟知的例子——整顆核果（或大粒）是應該要避免的，至少三歲之前如此，因為它很容易堵住小孩子的氣管。

像櫻桃那種有核籽的水果也該先去籽後再給孩子，圓形的水果，像是葡萄、小番茄等等，先切對半也是個好主意。別忘記要留心蛋糕、燉菜以及沙拉這一類食物中，可能含有的小硬塊。有刺的魚最好也要避免，肉裡面的軟骨應該要拿掉。

(鹽)

鹽對寶寶不好，他們的腎臟還未成熟，無法處理鹽分，攝取過多可能會引起嚴重的疾病。從寶寶長期的健康觀點來看，如果你從小就養成他攝取低鹽分的習慣，長大後，就不會養出重鹹的口味。

許多食物中都添加了鹽，以增加風味，尤其是立即可食的熟食、店面裡買的醬汁、醬料、滷汁，而且鹽在許多食物中都被當做保存劑，像是培根、火腿以及許多罐頭。

事實上，我們吃下肚的許多鹽分都是「隱藏」的，不是烹飪時從鹽罐子裡灑進去的，或是在餐桌上加的，所以要避開鹽，就意味著必須去想要買什麼、要如何烹煮。

一歲之前的寶寶每天攝取的鹽分不應超過 1 公克（0.4 公克的鈉）。熟食和加工食品所含的鹽分通常都比寶寶能接受的量高出很多。連某些乳酪，如巴馬乾乳酪（Parmesan）、希臘軟羊奶乳酪（Feta）、以及加工過的乳酪（片、塗醬、和三角乳酪），每 100 公克中都含有 1 公克以上的鹽（雖說小寶寶一天之內幾乎不可能吃掉這麼多乳酪），而有些麵包中，兩至三片中就能含超過 1 公克的鹽。因此，即使乳酪和麵包是好食品，也不該每餐都讓寶寶吃。

所有的食物在購買時，都應該仔細閱讀上面的標示。有些製造商會用「鈉」或是英文的「sodium」來代替鹽。把所標示的量乘以 2.5 就等於鹽的分量了。一般的準則是，食物中每 100 公克含鹽量若高於 1.5 公克，就被視為高鹽分了。低鹽食品中，每 100 公克中的含鹽量則是 0.3 公克，或是低於此數字。

每週少量給一、兩次沒關係的加鹽食物

吃這些食物時，可以讓寶寶喝水或母乳，以便將過多的鹽分從體內排出。

· 硬乳酪（例如巴馬乾乳酪 Parmesan）

· 香腸（包括義大利辣香腸 pepperoni 和薩拉米香腸 salami）

· 火腿

· 培根

· 烤豆子

· 酵母抽取物

· 披薩

可能的話，盡量避免的加鹽食物

· 市售熟食

· 某些早餐麥片（請檢查標籤）

· 加鹽的零食，像是洋芋片

· 即食的鹹派

- 速食的麵食或咖哩醬

- 番茄醬或是肉汁醬這類的醬汁

- 市售的肉汁和原汁湯塊

- 罐頭湯以及綜合調味包

- 煙燻的魚和肉

- 鯷魚醬汁

- 橄欖（泡在鹽水罐中）

- 醬油

　　許多家中有幼小寶寶的父母在準備餐食時都不加鹽，這樣寶寶才能毫無風險的加入他們用餐的行列。他們常會發現，只要改變所吃的食物以其烹飪的方式，這種對「加鹽」食物的反向學習，就可以在很短的期間之內學會。善用香草與辛香料有時候可以滿足他們對於濃厚風味食物的偏好，而許多父母則驚訝的發現，他們的寶寶居然喜歡辛香食物的味道。不過，早期還是得避免在食物中添加辣椒！

鹽可以在大多數菜餚上桌時，由成年人添加，但是別忘記，當寶寶大一點後，會想模仿你的一舉一動。所以，有一天，他也會從桌上抓起鹽罐，灑一些到「他的」食物上去。

（糖）

糖被當做增甜劑，添加到大多數的食物中，但糖裡面並不含任何營養，所以提供的只是「空的卡路里」。糖也會傷害牙齒──甚至在它穿透牙齒之前。剛開始就讓你的寶寶從含糖量就低的食物開始，有助於預防日後因為高甜度的食物而產生蛀牙。

倒是沒必要設定寶寶的飲食必須完全無糖──偶一為之吃吃蛋糕、餅乾或是有甜度的布丁沒關係的。但是糖果和氣泡飲料之中沒什麼真正的營養成分，所以最好避免。即使是市面上一些標榜著「嬰兒食品」的產品，裡面都含有高糖分，而這些糖分都以「醬汁」、早餐麥片、加味優格以及烤豆子的形式「隱藏」在產品裡。仔細留意一下包裝和標籤上以下的名稱：蔗糖（sucrose）、葡萄糖（dextrose）、果糖（fructose）、葡萄糖漿（glucose syrup）和玉米糖漿（corn syrup）這些字眼──這些都是各種不同的種類的糖。

自行烹調時，你只要調整一下食譜，通常就能減少糖的用量──舉例來說，食用天然甜度的蘋果，而不要將蘋果烘焙，做成蘋果派，或是把香蕉泥加入菜餚中增加甜度。糖蜜（黑糖

molasses）是頗為營養的天然增甜劑，也相當好用。把許多食譜中的用糖量減半，對於該食譜做好是否「成功」，其實沒什麼差別。

其他不合適的食物

如果能盡量避免使用添加劑、人工保存劑和增甜劑，是最好不過了——像是各種被許可使用的人工添加劑、味素、阿斯巴甜等等。一般來説，在包裝食品外頭的添加成分單上，愈少的愈好。不過，可能的話，還是自己用新鮮材料烹調最好。

當家長的曾被告知不要給寶寶蛋白吃。這一點，現在已經不需顧忌了，因為建議吃一切固體食物的最小年齡已經提高到六個月了。即使如此吃雞蛋時還是必須煮熟為好（包括蛋黃），因為蛋中可能含沙門氏菌，會引起嚴重的腸胃性疾病。

生的蜂蜜最好等到寶寶一歲以後再吃，因為裡面也可能潛藏著肉毒桿菌——這又可能引起另外一種嚴重的感染病症。

生的麥麩和麥麩產品（通常以「高纖維質」麥片的名義販售）可能會刺激消化道，阻礙像鐵質、鈣這類基本營養的吸收，所以不應該讓小寶寶食用。

（飲料）

除了一般正常喝的奶水之外，寶寶除了母乳和水之外，並不需要其他任何飲料。但是，避開以下飲料非常重要：

➤ **咖啡、茶和可樂。**這些都含有咖啡因，都是刺激物，可以讓寶寶躁鬱易怒。茶還會阻礙鐵質的吸收。

➤ **加糖飲料、氣泡飲料以及未稀釋的果汁。**這些糖分含量都高，也容易偏酸性。

➤ **牛奶。**動物奶非常容易有飽足感，很可能會降低寶寶在正常喝母乳或是配方奶的胃口。所以不應該給一歲以下的寶寶拿來當飲料（雖說從寶寶六個月大以後，就可以加入料理中烹煮，或是和麥片一起煮食）。

除了上述這些食物與飲料之外，你吃的所有食物，都可以給寶寶吃。如果你們家族中沒有過敏的家族史，提供他均衡的飲食選項即可——最好是你們自己也正在食用的——讓他自行選擇吃什麼。事實上，食物的口味與口感愈多，他在年幼時可以去嘗試（或拒絕）的食物就愈多，這樣日後他就更可能享受種類更多的食物了。

（致敏物）

等到孩子六個月大才引介固體食物，已經是在幫助孩子降低產生食物過敏的風險了。不過，如果你們家族中有以下食物過敏的情形，例如：堅果、番茄、海鮮、蛋、或是乳製品，在引介固體食物時多幾分小心總沒錯。對於你心存疑慮的食物，請制定幾天觀察期，到時再來看看有否反應。如果有懷疑的話，請詢問營養師或小兒科醫師，並聽取他們的意見。

並非所有食物的反應都是由過敏所引起——有些只是暫時性的食物不耐症。許多對某些食物有不良反應的寶寶，在三歲之後，都變得能耐受那些食物了。所以即使你家寶寶對某些食物的反應非常糟糕，那也未必表示他一輩子都得避免那些食物。

有些寶寶在吃柑橘類水果或草莓時，嘴巴周圍會長出一些紅疹。這很可能只是對於高酸度的反應而已，不過，也不排除是過敏反應。如果你不確定，可以請醫師看看，而且，如果寶寶拒絕了某種食物，請相信他的選擇——有些父母親後來想起，他們寶寶在嬰兒期避免不去碰的食物，後來都變成讓他們過敏的來源。

必須避免的食物

> 「奧斯卡在大約八個月大時，試吃了草莓，臉上出了奇怪的紅色疹子。在那之後，他就不吃了。他會去壓草莓、捏草莓，但就是不吃。」
>
> 娜塔莉，時四個月大奧斯卡的媽媽

　　請盡一切可能，確定你家寶寶餐食的種類是真正豐富有變化的，每天之中沒有哪種單一食物是被大量攝取的。想想看你是否已經養成習慣，讓他每天一成不變，只在相同範圍中攝取差不多的食物。舉例來說，很多英國人每天都會吃兩次乳類食品和小麥，這兩種都是這個國家常見的不耐症起因。

小麥與麥麩

　　什麼時候可以讓孩子開始食用含有麥麩的食物一直備受爭論。所有由小麥製作的食物（如麵包、蛋糕、麵條）都含有麥麩，有些有麥麩不耐症的人是吃不了含有燕麥、大麥、或是裸麥的食物的，而小麥則是他們讓他們過敏的元凶。

　　有些證據顯示，早期就接觸吃到麥麩，可以降低發生不耐症的機會，而另一派的研究則主張麥麩要等到一歲之後才能攝取。如果你有小麥不耐症、或是小麥過敏的家族史，那麼在讓你家寶寶吃小麥之前，最好先詢問醫師。

　　幸運的是，如果你有心想避開小麥是不難的。大多數的超市，現在都販賣不少不含麥子的麵包、麵條和其他產品，而米、玉米、蕎麥和藜麥都是美食優質的替代品。

　　從品種比較古老的小麥，如斯佩爾特小麥（spelt wheat）、卡姆小麥（Kamut）製作的麵粉，或是從發芽小麥（與小麥穀物相反）製作的麵粉，耐受度通常比其他種類麥子製作的麵粉來得好。核果磨粉在某些食譜中也能作為麵粉的替代品，像是使用豆類製作的豆粉，例如，鷹嘴豆豆粉、杏仁粉。

必須避免的食物

BLW 的故事

　　芬兒在六個月大時，根本沒發現食物是什麼。七個月大時，她開始發現我們在吃，但如果我們把東西從我們的盤子上放到她面前，她也不太會去注意。一直到最近，她才試著去摸摸碰碰這些食物。在她十個月大時，真的沒理由再用湯匙餵她吃磨泥食物了。所以，給她適當的東西吃，讓她自己去嘗試一下比較容易。

　　她會啃啃雞骨頭，如果有一塊香蕉，也會用牙齦咬一咬，再吐出去，玩著香蕉，但未必會去吃它。不過，她至少會把東西放進嘴巴裡了，而直到之前不久，她都還立刻把入嘴的東西吐出來。

　　我們家族裡，會產生過敏的東西很多，而芬兒對於我吃過的東西，曾經有過很嚴重的反應。我們一起試探了一番，把大蝦、葡萄和豬肉從飲食中拿掉，從此以後，她的情況就好多了。所以，我正試著引介她一些基本的食物，想看她是如何處理這些食物的。她只吃過香蕉、酪梨、雞肉、芭蕉和馬鈴薯。我想開始慢慢開始讓她試試可能與她過敏有關的固體食物。

　　我們家族裡還有另一個寶寶，只比芬兒大兩個禮拜。她在四個月左右開始吃固體食物，以一天三餐的方式吃很久了，所以，有時候難免有人會拿她們兩人來比較一番。

每個人都看得出，在健康方面，芬兒跟另外一個寶寶一樣好。但大家還是不斷的問：「她開始吃東西了沒？」家族裡，有些人覺得這樣沒關係，但也有人認為我應該開始強迫餵食。我覺得大家認為現在她應該要和其他人吃得一樣才對。但我卻認為，「當他們做好準備時，就準備好了。」 她看起來沒一點要變瘦的樣子，她是個長得很大寶寶啊。

珊卓拉，三歲路彬以及十個月大芬兒的媽媽

　　無論你是否決定要避免某些特定食物，只要你在提供食物的時候謹慎些，都不應該影響讓寶寶自己吃的決定。許多家長甘脆在寶寶一歲之前改變他們自己的飲食，把不想讓寶寶吃到的食物挑掉。

 脂肪

　　在比例上，嬰幼兒在餐飲上比成年人需要更多脂肪，因為他們很容易就消耗掉一堆能量。所以，如果你們家平常以低脂餐飲為主，你必須確定提供給寶寶的食物裡有足夠的脂肪。這倒是不太急——在食用固體食物的最初幾個月裡，寶寶還是應該從母

乳或配方奶中獲得大部分的營養，而那之中都含有許多脂肪。

　　對全家人來說，最健康的脂肪是非奶製／非動物性的脂肪，像是蔬菜油、魚油、橄欖油以及核果以及種子中所含的油脂。但是奶製食品，像是乳酪與優格對寶寶來說都好；和成年人不同，他們需要的是全脂（非低脂或零脂）。

　　氫化油脂（或是轉化脂肪酸）在市面許多食品中使用甚多，例如餅乾、洋芋片、蛋糕、派、熟食餐點和人造植物性奶油都被認為會干擾健康油脂的有益動作。可以的話，這類食物最好能不吃就不吃。

纖維質

　　大多數的食物纖維對寶寶來說都是有益的，因為可以幫助他們保持腸道的健康。不過，我們倒是不應該給寶寶生的米糠粉或是高纖維麥片。限制寶寶攝取全穀類（全麥麵包、糙米、全麥麵條）的總量也是個不錯的想法。這是因為這些食物中的纖維質含量會讓寶寶極有飽足感，肚子裡就沒空間來吃含有其他重要營養成分的食物了。

　　不過，如果你平日吃的就是全麥麵包，倒是沒必要去轉為白

麵麵包，或把糙米一起放棄掉。事實上，早點讓寶寶習慣全麥食物是個很好的想法，所以可以讓他品嚐一下味道，因為這些食物比加工食品營養。你只需確定寶寶還有許多其他健康的食品可以選擇，然後讓他自己決定要吃多少全麥食物就好。有些家長會糙米和白米、麵條和麵包輪流吃，這樣寶寶就有多樣化的選擇了。

調整初期幾個月的食物

以下是一些能幫助你調整日常食物的建議，讓你的寶寶也能一起吃。

（蔬菜水果）

蔬菜生吃很硬，所以應該要切成棒狀或是手指頭般的長條形（而不是圓片），然後加以烹煮（不加鹽），這樣蔬菜就會軟而不爛（快煮或快炒的作法，你吃起來雖然不錯，但是別忘了寶寶並沒有你的牙！）煮或蒸的作法都很好，不過，另外一種美味的替代選擇則是把蔬菜放進烤箱裡面烤。這樣蔬菜的外表會略微酥脆，比較容易用手抓（請記住，有些蔬菜烤了會縮水，像是胡蘿蔔、甘藷和歐洲防風草（可用白蘿蔔取代），所以切成手指長條狀時要加寬）質地較為柔軟的蔬菜，如小黃瓜，可以提供給寶寶生吃。

「第一次，我給卡倫手指大小的胡蘿蔔棒，但是胡蘿蔔沒蒸透，所以他只能吸一吸，胡蘿蔔就愈變愈滑。我過一陣子才領悟過來，原來給他吃的胡蘿蔔要比我們的多蒸幾分鐘，這樣他才能嚼得動。」

露絲，十八個月大卡倫的媽媽

顆粒大的水果，像是哈密瓜和木瓜，可以切成長條形或有厚度的長三角形，而顆粒小的水果（像是葡萄）則應該對半切去籽，這樣寶寶比較容易處理，在嘴邊也能安全的移來移去。像蘋果、梨子以及甜桃這樣的水果可以整顆給。鬆軟的蘋果比脆的好，因為比較容易啃，也比較不會被咬下一大塊。

大多數的水果或蔬菜上，最好能留下一些果皮，方便寶寶握──至少在寶寶能夠一塊一塊咬下來之前。蘋果、梨子、酪梨、芒果、馬鈴薯留點皮都很好用。寶寶很快就會學會如何握住果皮的地方，然後用牙齒把果肉刮下來（或是用牙齦啃）。

許多家長也都給孩子帶著一些皮的香蕉：先把香蕉皮洗一洗（避免被寶寶咀嚼到），然後削成 2.5 公分左右長短，讓香蕉突出去，形狀看起來有如一個冰淇淋筒。當寶寶的技巧變得更好

後，讓他試試無皮的香蕉，看看他要施多少力，才能將香蕉完全擠爛！

（小秘訣）

❧ 拿波浪切刀（在七〇年代，拿這樣的小配件來切洋芋片，讓它有小波紋，很受歡迎）來切蔬菜水果很好用，因為寶寶容易握得住。

❧ 遞整顆水果給寶寶之前，先咬一口，他會比較容易吃到果肉。

❧ 多準備一些蔬菜放在冰箱比較方便。這樣萬一你想吃一些不想讓寶寶分享的東西時，馬上就有。

❧ 蔬菜泥是一種很好的麵條沾醬，因為不會太稀。

（肉類）

　　一開始，最好把肉切成大塊，讓寶寶容易握住吸食或咀嚼。最初，雞肉或許是最容易處理的，尤其是帶著骨頭的肉，寶寶可以啃。雞棒棒腿最好，因為容易握，而上面的肉也比胸肉不易破碎。小碎骨一定要先小心的全部去除，而且給寶寶吃之前，一般來說，也會把所有的軟骨頭都先去除。（註：羊小排、豬肋排、牛小排塊等帶骨方便孩子手持，但骨頭邊邊不會刺傷寶寶的都可以。）

用燉煮方式烹調的肉類比烤的來得嫩。雖說，你每一次給肉的時候不必太大塊——你應該很快就會發現，寶寶用手指頭處理絞肉的能力會令你感到驚喜，諷刺的是，「大小方便入口咬」的較短細條肉，反而是寶寶一開始最難處理的，因為他一旦用手包住，就拿不到這些肉了。

(小秘訣)

像豬肉、牛肉、羊肉這樣的肉品在切塊時（形狀大小要凸出寶寶握住的手且方便抓握），可以採用逆紋切，也就是不要沿著肉的纖維紋路切，孩子會比較容易嚼得動。不過，家禽類（雞、鴨、火雞等等）的肉最好順紋剝切，不然容易破碎，不易握住。

肉要先嚼爛再餵嗎？

在許多不同的文化裡，都有先把食物嚼爛再餵寶寶吃的傳統；咬爛與口水混合後，食物會比較容易消化。這樣的食物不是由媽媽嘴對嘴直接餵給寶寶，當做一種親吻，就是放在手上拿給寶寶吃。肉類是最多被嚼過的食物，為的是要破壞肉質的纖維，讓寶寶可以吃得容易些。採用BLW的家長不能這麼做。雖說小寶寶嚼不太動肉（特別是紅肉），但是光吸肉，或許就好處多多了。尤其是，吸這個動作可以讓他們獲得很多肉汁（裡面含血），鐵質很豐富。如果肉先被人嚼過了，寶寶會獲得較多的肉蛋白質，但是會失去一些鐵質。

（麵包）

　　麵包是很好的棒狀食物，但是一歲以下的寶寶一天不應該
給兩片以上，因為麵包中的鹽含量似乎都較高。對年紀幼小的寶
寶來說，烤麵包比一般的軟麵包容易對付。特別是白麵麵包遇溼
會變得像麵糰似的黏糊，在嘴裡可能會蠻難處理的──非常新鮮
時尤其如此。扁平如餅狀的麵包，像是印度麥餅（chapattis）、
口袋夾餅（pitta）、和印度烤餅（naan）沒那麼容易破碎，所以
剛開始處理吃食的寶寶處理其來比較容易。

　　麵包棒要沾軟軟的食物，像豆泥就很方便；在寶寶能夠自
己動手「沾」之前，可以先幫他沾好。無鹽的米香餅乾也是麵包
很好的替代品，特別是要塗軟軟的食物或是濃濃的醬汁時。

（麵　）

　　螺旋狀通心麵、貝殼麵和蝴蝶麵都沒那麼滑，比一般直麵
容易抓住。你家寶寶一開始可能還會發現大多數的食物──包括
麵在內──在乾的（沒有醬汁）情況下比較容易處理。無論有沒
有醬汁的都給他一些，讓他兩種都能試試看。

調整初期幾個月的食物

寶寶最早的棒狀食物

- 蒸（或稍微水煮）過的整莢（株）蔬菜，像是四季豆、玉米筍、豌豆莢。

- 蒸（或稍微水煮）過的花椰菜或青花菜小花梗。

- 蒸、烤或炒的根莖蔬菜或長條型蔬菜，像是胡蘿蔔、馬鈴薯、茄子、甘藷、蕪菁、白蘿蔔、櫛瓜、南瓜。

- 生的小黃瓜條（小訣竅：在冰箱準備好一些，給正在長牙的寶寶吃——小黃瓜的清涼對寶寶牙齦有紓緩作用）。

- 酪梨切厚片（果肉不要太熟，不然很容易被抓爛）。

- 雞肉（撕成一條條的肉，或是帶骨雞腿）——溫的（也就是剛煮好沒多久的）或冷的。

- 牛肉、羊肉或豬肉切長粗條——溫的（也就是剛煮好沒多久的）或冷的，要凸出手掌，約手指粗。

- 水果，像是梨子、蘋果、香蕉、桃子、甜桃、芒果——整顆或切成棒狀皆可。

- 硬乳酪條，像是切達乳酪 Cheddar 或是格洛斯特乳酪 Gloucester。

- 麵包棒

- 米香餅乾或是烤吐司條──單獨吃或是配合自製塗醬，例如沙丁魚和番茄，或是鄉村乳酪。

如果你想比較大膽一點，試試自己動手做

- 肉丸子或是牛肉漢堡。

- 麥克雞塊或是炸羊肉小塊。

- 魚板或是魚肉棒。

「一開始，我幫馬修準備很多蒸的蔬菜，並切成指頭大小的棒形，而我們吃的是不一樣的東西。馬修似乎不介意，他對自己的蔬菜盤感到挺開心的。現在，雖說我還是會分別準備食物，但是無論我們吃什麼，都會分他一些。我老公跟我說，我從沒用幫馬修煮東西的方式幫他煮過。現在我還是幫馬修做著小肉丸子，以及自家製的魚塊棒、家常披薩，也試著給他很多魚。」

卡麗，十四個月大馬修的媽媽

「剛開始的時候，我們給瑪莉亞一塊塊蒸得熟透的胡蘿蔔，幾塊梨子或蘋果，有時則是雞肉塊或羊肉塊，總之晚餐吃什麼就是什麼。她很早就開始吃青花菜了，她很喜歡吃，老是在上面吸啊吸，就像吃棒棒糖一樣——現在，她已經開始嚼起青花菜頂上的花了，而且可以吃掉相當多。」

艾麗森，七個月大瑪莉亞的的媽媽

（米飯）

米飯是個營養又好吃的用餐主食，但是（西方的）家長有時候會發現，他們必須調整一下他們煮米的方式，或是採用其他品種的稻米，這樣才能方便寶寶處理。

短粒米，像是泰國香米、日本壽司米或是義大利燉飯米（甚至連用來作米布丁的米都算），米的黏度較高，容易用手滿把抓起；而一般的長粒米黏度較低，寶寶處理起來反而容易，但是必須煮得有點太熟或是在吃之前一晚煮好。

話說回來，所有的寶寶還是都能找到方法來應付一般所煮

的飯：只是有些寶寶會把臉與盤子貼得很近，用「鏟」的方式把飯吃進去；有些寶寶則非常享受練習蓮花指的樂趣（用大拇指和食指把東西捐起來），一次一粒米慢慢捐——速度雖然有點慢，但其樂無窮（對手眼協調是非常好的練習）。

好吃又好玩的沾棒練習

大多數的寶寶在大約九個月大時就可以自己做出「沾」的動作了，但和其他任何事情一樣，有的人早早就會，有人則晚得多。使用「沾棒」非常好玩。能夠使用也意味著你家寶寶可以吃軟的或流質的食物，如優格、米粥等等，而不需要用到湯匙，這也是稍後他要學習用湯匙的技巧前，一個很好的練習方式。他可能會發現可以用任何可以用的食物來幫自己沾食——即使組合很奇怪，也請有心理準備，像是用一支烤胡蘿蔔插進蛋羹裡面去沾。

（可做成「沾棒」的好點子）

➥ 麵包棒。

➥ 印度麥餅、口袋夾餅、或吐司麵包。

- 燕麥餅或米香餅乾（無鹽）──先掰成兩半會比較容易沾。

- 硬的水果條，像是蘋果。

- 生的蔬菜切條，像是胡蘿蔔、芹菜（去筋）、紅椒或青椒、櫛瓜、小黃瓜、四季豆、豌豆莢。

- 略蒸過的玉米筍。

- 烤蔬菜條：切成棒條狀的胡蘿蔔、南瓜、其他瓜類、白蘿蔔、櫛瓜、馬鈴薯、甘藷等等。

美味沾醬簡單動手做

　　下面所列的沾醬很多都能買到成品，但這大多都很容易在家自己動手做，很快就做好。這些沾醬通常是使用一至兩種基本材料，再混合橄欖油或優格，用食物處理器去打勻的。

- 豆泥。

- 酪梨莎莎醬（guacamole）。

- 混合豆沾醬。

- 菜豆和番茄。

- 紅椒和利馬豆。

- 乳酪沾醬。

- 奶油乳酪與優格加韭菜。

- 優格和豆腐。

- 優格和小黃瓜。

- 魚沾醬（fish pâté，用沙丁魚、鮭魚或鯖魚製作都很好——與瑞可達乳酪和優格混合）。

- 核果沾醬。

- 印度豆泥（扁豆加辛香料）。

- 茄子沾醬（中東茄子芝麻沾醬 baba ganoush）。

好吃又好玩的沾棒練習

BLW 的故事

我花了兩、三個月才有信心，信任班哲明會吃他需要的食物。你會聽到別人說，「六個月以上的寶寶一定要有鐵質啦……他們必須有這、有那的」所以從前我老愛擔心他攝取的營養夠不夠。舉例來說，我會覺得他吃一點扁豆比較好，但是我不知道要怎麼讓扁豆進到他嘴裡（我完全忘記可以塗在吐司麵包或米香餅乾上）。

所以，我就驚慌了，心想：「如果我食物泥和 BLW 一起用，至少還能確定他會從不容易拿起來咀嚼的食物中取得某些養分。」我餵了兩個月左右的食物泥，但我每天晚上得花上兩個鐘頭，就為了準備他第二天要吃的食物。當他十個月大時，開始多吃一點了，所以我便改回只採 BLW。真希望當時我沒有失去信心，因為如果我一直只採用 BLW，事情就簡單多了。

當然啦，我們發現班哲明喜歡控制自己吃什麼的感覺；他喜歡自己吃，遠勝於被人用湯匙餵。對於湯匙上放了什麼，他也變得很多疑。如果我們還是餵他吃東西，他或許會決定配合的吃下去，但實際上，我們只是想鏟一匙食物放到他嘴裡，看看他是否喜歡——他有時喜歡，有時並不喜歡。這種感覺就像，把營養的食物放進他嘴裡是什麼重責大任似的。

珍娜，十三個月大班哲明的媽媽

適合寶寶的早餐食物

　　剛採用寶 BLW 的家長常會想，要拿什麼食物給寶寶當早餐才好。他們發現，很難想像寶寶早上和他們吃著一樣的東西。話說回來，其實寶寶很可能對於用早餐來開始離乳，興趣不大——每天的那個時間點，許多寶寶可能只想緊緊的依偎在媽媽身上喝奶。當寶寶一旦對早餐發生了興趣，以下的訣竅和點子可能就有用了：

❧ 軟軟的食物，像是牛奶麥片，寶寶常常可以用手指頭處理得相當好，前提是他們被允許去練習，這樣一來，別人吃什麼，他就能夠一起分享了。

❧ 別忘了給寶寶充裕的時間——在很多家庭裡，早餐時間都是匆匆忙忙的，而寶寶需要時間，對食物進行實驗，同時還要吃。

❧ 在一個禮拜裡面，提供寶寶許多不同種類的食物（許多成年人都養成了日復一日吃同樣早餐的習慣）。

❧ 仔細閱讀食品上的標籤：市售的許多麥片品牌（尤其是針對兒童推出的）有極高含量的鹽與糖。

❧ 應該要避免去吃裹以巧克力、蜂蜜或糖的麥片，含高纖維質的糠麩的麥片也要避免。

營養早餐的好點子

· 新鮮水果。

· 自製粥品。煮粥的時候可以加入：燉過或是切碎的蘋果
  或梨子、黑莓或藍莓、葡萄乾、乾杏桃、乾紅棗、小紅
  莓、或無花果。餐桌上則可以添加水果泥、現磨的核果
  像是葵花籽、草莓，或是些許黑糖蜜。雖然粥品大多是
  用燕麥煮的，但也可以改用米、小麥、或是粟米片（健
  康食品店通常有售，但現在愈來愈多超市也開始販售）。

· 活菌的全脂天然優格加上新鮮水果（寶寶和幼兒通常喜
  歡把莓果類、燉過或磨泥的水果加到優格裡去攪拌，也
  喜歡把切成條狀的水果放進去沾）。

· 炒蛋（煮熟）。

· 麥片——不管有沒有加牛奶。有些寶寶喜歡乾麥片，有
  些則偏愛溼軟的。迷你麥、小麥胚芽、玉米片以及脆米
  花等都很適合寶寶，因為糖和鹽分的比例都不高。英國
  品牌維多麥 Weetabix 只要加一點點牛奶溼潤後，寶寶可
  以很輕易的抓起來。

· 吐司、燕麥餅或米香餅乾都可以抹上核果沾醬、奶油乳
  酪或是百分百的水果塗醬。

· 吐司麵包上放烤豆子。

· 吐司麵包上放乳酪。

方便帶著走的簡易點心和食物

　　寶寶開始仰賴固體食物來填飽肚子後，當你們一起外出時，隨身帶著健康的小點心絕對是個好主意，這樣萬一寶寶在你們到家之前肚子餓，還可以填一填肚子。以下是一些方便帶出門的食物：

- 水果（尤其是不要太麻煩的種類，像是蘋果、梨子、香蕉和無籽的小蜜橘）。

- 沙拉（番茄塊、小黃瓜切條、青椒棒、去筋的芹菜）。

- 煮好放冷的蔬菜（棒狀胡蘿蔔、小株青花菜等等）。

- 煮好放冷的玉米切塊。

- 三明治。

- 乳酪切塊。

- 義大利麵沙拉（或煮好放冷的麵）。

- 優格──原味、全脂、活菌優格，加上新鮮水果最好（調味的優格和鮮乳酪通常含有大量的糖）。

- 酪梨沾醬或印度豆泥，加上麵包棒、胡蘿蔔條等等。

- 低鹽分的燕麥餅、米香餅乾或吐司麵包，抹上核果沾醬、奶油乳酪或是沒加糖的水果醬。

- 乾的杏桃、葡萄乾或其他乾果（適量——如果太常給，容易傷害牙齒）。沒有經二氧化硫（sulphur dioxide）處理的品牌最好。（不經二氧化硫處理的杏桃通常會呈棕褐色，而非亮橘色）。

- 現製的水果冰沙。

- 乾的低糖早餐麥片。

　　別忘了要非常仔細的閱讀標籤。乾麵包塊、磨牙餅乾和許多兒童點心都有添加糖和添加物的傾向，最好避免。

 美味健康的甜點

　　大家常常還留存著一個信念，那就是吃布丁對於孩子獲得熱量一事是很重要的，但這是舊時代殘留下來的想法，當時孩子白白胖胖是健康的象徵。在戰亂的年代，用布丁來餵飽孩子也是

很多家庭共同的作法，在那個時代，營養價值高的食物——尤其是肉類——不是無法取得，就是昂貴到不堪負荷。

你有很多營養的甜點可以給寶寶吃，偶而給一下甜食對他不會造成什麼傷害，不過每餐都給（即使只是有甜味的優格）就會鼓勵他養成「酷愛甜食」的習慣，這就意味著，他會開始預期每次都有布丁。

孩子的味蕾是在最初幾年的飲食中被養成的，而你可以幫助他培養好（或壞）的飲食習慣，而這習慣將可能維持一生。每餐飯後可以吃甜點很容易就會變成「你把青菜吃掉，然後就可以吃布丁」這樣的情況，尤其是你的寶寶如果很喜歡花時間慢慢吃他的主菜時。

如果你想要吃甜點，那就盡可能找健康（最好是在家自製）的。即使是市售的「健康的選擇」，往往也會有高比例的人工甜味與添加物。請不要忘記，如果有其他的人在吃其他的東西，寶寶也會想要試試看的——所以如果你不想讓他吃著不健康的布丁，那麼就等他上床後你再吃，或是看看是否能給他一個看起來幾乎完全一樣的（這種作法有時會失靈！）不過，如果你有辦法能讓甜點和主食一樣營養，那麼你的寶寶偶而只吃甜點，你也不必太過擔心。

健康的甜點

· 新鮮水果。

· 水果沙拉。

· 全脂的原味活菌優格，加上新鮮或是燉煮的水果。

· 自家製的米布丁。

· 自家製的蛋塔。

· 酥烤蘋果（用甜的蘋果製作，不要用料理蘋果，這樣就不必加太多糖）。

· 烤梨子或蘋果。

「我們在家不太吃甜的東西，不過如果外出用餐，而我叫了布丁，就會讓蜜拉分享。我不相信什麼東西是我吃卻不讓她吃的，這樣聽起來太虛偽。當然了，我自己或許就不應該吃，真的！但是我是不會說出這樣的話的，『喔，這只能給大人吃』因為那不公平──這樣也會讓她想吃甜食的慾望變得更加強烈。」

卡門，兩歲大蜜拉的媽媽

寶寶食物關鍵問答

 寶寶難道不用一次先試一種口味嗎?

　　家長常被告知(現在有時依舊如此),一次試吃一種新口味,停留幾天,確定寶寶不會產生不良反應後再新增另外一種新食物。除非你們家有家族食物過敏病史,否則當你採用 BLW 時,是沒必要遵守這種告誡的。這樣做的原因有二:首先,六個月大的寶寶消化系統比四個月大的寶寶成熟多了,所以比較不會發生消化系統上的問題。其次,得到允許自己吃固體食物的寶寶,一開始吃的時候,自然只會少量進食,反正一次也只會好好試試一至兩種新食物而已。

　　BLW 最重要的地方之一是在寶寶真正吃下去前,先給他們機會好好品嚐食物。如果給一次給他們多種不同的食物,他們可以選擇最想專注的一種──之後再轉向其他食物,或是第二天再換。這對寶寶的健康有正面的影響:有些採用 BLW 的家長發現,一開始,寶寶似乎不想要的食物,最後被發現那些是會讓他們過敏的食物。如果靠本能把可能的過敏原避開「真的是」寶寶能做到的事,那麼一開始就給他們能夠自己輕易分開的食物,事情就簡單多了。所以,讓他們好好去實驗食物是很有意義的,一開始就用和給其他家人相同方式提供的食物給寶寶,例如「一葷兩素」的晚餐,或是水果沙拉,而不是將所有食物都磨成泥或壓碎混合

在一起。這是 BLW 對有家族食物過敏病史的家庭特別有效的一個地方。

我的寶寶需要補充維生素嗎？

研究發現，單一種母乳或配方奶就能滿足寶寶前六個月在營養上的需求了，而且，就理論上而言，在這個年齡之後，寶寶應該能夠從固體食物中獲得所需的其他營養。英國國民保健部門建議幫六個月以後仍在吃母乳的寶寶，以及每天喝少於 500 ml 嬰兒配方奶的寶寶（嬰兒及較大嬰兒配方會加強補充這幾種維生素）補充維生素 A、C、和 D。補充品通常是以液體的形式提供，例如用滴的。

給寶寶維生素補充品可以給飲食不是特別好或是吃不到營養食物的家庭，提供一個營養的「彈性支援」。這也是對現代食品製造與儲藏方式提供些許補償作用的辦法，意思是，我們現在購買的食物在到達我們手中之前，已經喪失了一些營養。

某些族群的寶寶（和他們的母親）可能缺乏維生素 D。我們體內的維生素 D 大多來自於皮膚上陽光的作用，但是在某些地方，如英國北部的鄉下，冬天的日照不足，無法讓皮膚製造足夠的維生素 D。膚色黑的人情況更是糟糕，因為黑色皮膚對陽光的

吸收似乎不佳。使用防曬產品的次數太頻繁也會讓皮膚無法製造足夠的維生素 D。風險最高的是把頭和身體都覆蓋起來的女人和寶寶，很少走出戶外的人也一樣。建議這些族群的懷孕婦女和親餵母乳的媽媽們要補充維生素 D，她們的寶寶也一樣。

不過，一般來說，最好還是記住，和食物攝取範圍廣泛的寶寶相比，挑食的人維生素與礦物質攝取不足的風險更高。有 BLW 經驗的家長都有深刻的體驗，被允許自己控制斷奶過程、並自行選擇食物的寶寶比那些被人決定吃什麼的寶寶，更不容易變成挑食的人，而且比例相差很多。這也暗示著，BLW 本身就是一種幫助寶寶確實擁有均衡飲食、充分營養的好方法。

如果你選擇不給孩子維生素滴劑，那麼就一定要給他含有所需維生素與礦物質的食物。盡可能在食物還很新鮮的時候去吃它，使用能保存養分的烹飪與儲藏方式也有幫助 。

聽說牛奶對寶寶來說很重要，但是牛奶卻常與氣喘與濕疹有所關連。哪一種說法才是對的？

在二次世界大戰之後，英國的牛奶行銷委員會在大力促銷牛奶對兒童的益處方面，成效卓越。至今很多人仍然相信嬰幼兒每天都應該至少喝一點點的牛奶。但其實牛奶沒什麼神奇之處。

事實上，很多社會根本不吃或是不喝任何動物的奶或奶製品，而他們卻也健康得很。

　　所有動物的奶水都是為了提供該種動物的幼崽所需的所有營養的，而比例也是適合牠們的。而可以給人類寶寶這一點的，只有人奶。幼童如果喝太多牛奶，她們的胃口可能會遲鈍，無法再去吃足夠的其他種類食物，因而讓他們變得貧血，或是營養不良。這也是為什麼我們並不推薦一歲以下幼兒飲用牛奶的原因。

　　對牛奶過敏的人數不少，如果你們家族對此有嚴重的過敏史，最好別讓寶寶的飲食中摻有牛奶（羊奶是牛奶的替代品，但是羊奶引起過敏的可能性一樣高。）

　　這麼說，牛奶是很好的蛋白質、鈣、脂肪和維生素 A、B、D 來源，價格便宜，量也充足——這是為什麼牛奶會被加進其他很多食物中的理由。事實上，除非你真的時時維持極高的警戒，否則很難讓你的孩子不吃到某些形式的牛奶。牛奶也是極易料理的食物，是許多布丁和醬汁的基底，所以是許多寶寶飲食中經常用到的一部分。不過，其重要性不應高過任何其他單一種食物。

如果你想在你孩子的飲食中加入牛奶：

❧ 把牛奶當成一種「食物」，而不是飲料。用它來做菜，如果孩子已經超過一歲，可以給他少量牛奶當做點心的一部分（或許和麵包與水果一起），讓他自己選擇要喝還是不喝。

❧ 一開始，給他全脂的乳製品，例如乳酪、奶油以及優格。時間點在孩子六個月之後。

如果你想避開奶製品，那就連下面事情一起做：

❧ 確定寶寶能從其他食物中（參見第七章）獲得足夠的蛋白質、鈣質、以及維生素Ａ、Ｂ、Ｄ。

❧ 你可以使用其他的替代品來取代動物的奶水，像是米奶、燕麥奶、或是豆奶。從真正的定義上來講，這些並不是奶而是漿，蛋在許多食譜中，卻能以類似的方式被使用。

❧ 諮詢營養師或是膳食專家絕對保證是個好主意，可以確定你給孩子的飲食是均衡的。如果你對食物過敏有疑慮，這一點就特別重要。

我媽不斷問我，開始給我兒子吃麥片了沒。麥片為什麼這麼重要？

現在，他試吃蔬菜水果似乎試得很開心。他將近七個月大了。

米飯、乾麵包塊和粥品是英國寶寶從 1950 年代以來傳統的初食，通常是從寶寶三、四個月以後以湯匙餵養的。這種強調麥

片的想法,部分原因似乎與麥片是有名廠牌的食物有關,所以就會認為寶寶應該做好可以輕易接受並消化這些食物的準備,而部分原因則是因為大家相信寶寶需要熱量來「長身體」,讓他們身體健康。

無論如何,現在我們知道:

➤ 六個月以下的嬰兒不善於消化澱粉(麥片就充滿了澱粉)。

➤ 大多數六個月以下的嬰兒不需要母乳或嬰兒配方奶之外的食物。

➤ 幼兒需要均衡的飲食,而不是單種含有太多碳水化合物的東西。

麥片澱粉含量很高。這意味著麥片消化得很慢,吃了也很容易肚子飽脹,所以給小寶寶一點點麥片,都可能會毀了他餵奶時的胃口。母乳(或嬰兒配方奶)對寶寶健康的重要性遠遠高於其他,不能被他們不需要、也較不營養的食物所取代。但是,給寶寶能餵飽肚子的食物還是被某些人視做是好事,這通常是因為他們相信,這樣寶寶睡覺可以睡得久些。

話說回來,麥片不應該干擾到寶寶整體營養的吸收,而且前提是麥片不是在寶寶六個月大之前被引介的——只要寶寶是那個決定要吃多少的人。問題是,麥片通常是用湯匙餵的——所以

很容易就會給多了，超過了品嚐的分量。

當寶寶六個月大，開始吃固體食物後，最重要的事就是給他們能夠自己輕鬆處理並咀嚼的食物。這一點，煮過的蔬菜、生或煮過的水果都很理想。這類食物也非常可口、色彩美麗、含有豐富的維生素與礦物質──而不會讓肚子太飽。偶而給寶寶一些肉類也是個好主意，因為肉類中含有鐵和鋅，只是這個階段真的還不太需要澱粉食物。

所以，把麥片當做食物之一給寶寶是沒關係的──或許以麵包或是以手抓一把米飯的方式──但是，不必作為初食之用。綜合以上，請別忘了，給寶寶提供各種食物，讓他自己選擇要吃什麼、吃多少將可給他獲取所有所需營養的最好機會，而且比例還正確。

 我的寶寶已經八個月大了（採用 BLW），不過依然吃得很少。他似乎挺開心的，成長發育的速度也好，但我被告知，必須確保他攝取到足量的鐵，特別是當他仍在喝母奶時，該怎麼做？

母乳中鐵質含量不太夠是真的，比不上肉類或是加鈣食品。但是母乳中的鐵質卻可以非常輕鬆的被吸收（嬰兒配方奶中的鐵質含量高，但是吸收卻不易）。

寶寶除了能從母乳中攝取到鐵質外，他們在母親子宮中時也儲存了一些在體內。這些鐵質會慢慢被耗盡，所以六個月之後，寶寶所需的鐵質比光從母乳中攝取到的來得多。但是這差異不大——母乳還是可以提供寶寶所需的大部分鐵質。所以，寶寶從所吃的少量食物之中，或許就能取得所需的量了。

最重要的是，寶寶應該有各種不同的食物以從中做選擇，這樣才能給他最好的機會去挑選所需要的食物。肉類和肉類產品是絕佳的鐵質來源。而含有維生素Ｃ的食物則可以幫助腸胃吸收鐵質。許多食物（舉例來說，早餐麥片及大部分麵包）都是做了鐵質強化的。給寶寶吃肉的機會，外加多種蔬菜水果與經過加強鐵質的食物，你將可以幫助他從飲食中攝取到所需的足量鐵質。

試試用不同的形式（包括絞肉）提供肉類給寶寶吃，讓寶寶把肉放進嘴裡去吃的機會提升到最高。別忘記，肉類的鐵質大多在肉汁（血）裡，所以就算寶寶還無法好好的嚼肉，吸一片或一塊肉就能讓寶寶獲得好處了。

素食者優良的鐵質來源包括了蛋、豆類，如菜豆、扁豆和豌豆；乾果，如杏桃、無花果和棗子、綠色葉菜等等。對素食者來說，飲食中包括含有豐富維生素Ｃ、能幫助鐵質吸收的食物尤為重要。

第 **5** 章

初期之後

「看著她處理那麼多種不同的食物、看著她技巧逐漸成熟，實在是一件令人著迷的事。一個禮拜前，她還處理不了一手的米飯，但到了下週就自然而然會了，然後你會注意到，她能夠撿起不少夾在指縫間的飯粒了。之後很久很久，什麼進展都沒有，但是突然之間，她就能拿起湯匙，放進自己嘴裡了。不過，我們什麼也沒教她呀——我們只是坐在一邊，看著她學習。」

瑪格麗特，二十一個月大伊絲特的媽媽

 跟隨寶寶的步調進展

隨著寶寶在固體食物進食上的進展，你會發現他在學習處理各式口味、口感及形狀不同食物時，技巧的發展。不過，有許多家長注意到自家寶寶的進展不如預期順利。有些寶寶一開始興致沖沖，但是一、兩週之後，對食物的興趣就冷淡了下來。許多寶寶在真正把食物吃進肚子之前，花了好一陣子的時間。採取 BLW 時，這些情況都屬尋常。預期寶寶應該在多短的時間內就增加食物的攝取量，通常是不切實際的，而且這樣的預期通常是建立在以家長主導——而非寶寶主導的離乳方式上。寶寶被允許自己決定後，天生似乎就不會去選擇跟隨既定模式。所以「應

該」要發生什麼事，最好別先做太多預想，讓你的寶寶自己決定步調。

如果你每餐吃飯都讓寶寶參與，並讓他自己決定要喝幾次奶，他自然而然的會往一日三餐（稍後也會依需要加吃點心的次數）的方向進展，用的是自己的時間表。只是，事情發生的速度可能不如你預期。家長有時候會被告知，所有的寶寶在八個月之前就應該一日三餐了，雖說這個年紀大多數的寶寶可能會一日三次興致高昂的進食，並拿食物來玩，但很多人還是吃得不多，甚至有更多寶寶除了早餐時間喝奶之外，並不想多吃。試圖催促寶寶是沒道理的——既不能加快寶寶的學習速度，還可能讓他感到沮喪又挫敗。用餐時間保持愉快並讓寶寶自己決定何時要攝取更多食物，一切會好得多。

寶寶在七到九個月之間，遇上「撞牆期」也是相當平常的。出現這種情況時，寶寶在固體食物上的進展似乎會變得滯礙難行，完全沒進度，體重增加的情況還會變慢。只要寶寶健康情形良好，奶水喝得足夠，也加入了你們用餐，那麼就沒什麼好擔心的。這個時期通常很短暫，隨後胃口與自我餵食的技巧都會瞬間提升。許多家長形容自己的寶寶是「突然開竅」了，開始「真正的」吃東西了。

不管你們是否經歷過撞牆期，在某個時間點後，你或許會注意到寶寶玩食物的情形變少了，開始有目的的吃下更多食物。

像這樣「真吃」的情況，在寶寶八、九個月到一歲左右時會開始出現，而且伴隨而來的常常（並非絕對）是喝奶量的逐漸減少；最好的辦法就是讓寶寶的胃口和能力來引導你。不斷給他許多機會來練習處理各式食物的新技巧，並模仿某人（你！），讓他自己慢慢的摸索。到了九個月、十個月左右，他吃的食物種類範圍跟其他家人已經相差不多了，此時你就不必太費心去考慮要如何準備他的食物，因為大部分的食物，他已經能處理，沒有問題。

> 「傑克大約一歲大時，我發現他真的是因為吃而開始吃，不再只是要去摸索食物。這種改變很明顯，不再遊戲，進入進食狀態——好像他需要填飽自己肚子一樣。」
>
> 薇基，三歲大傑克的媽媽

 勇於嘗試的味蕾

你和寶寶一旦開始採用 BLW 後，確保他能體驗口味非常廣泛的各式食物絕對沒錯。嘗試的範圍愈廣，年紀大一些後，嘗試新食物的意願就會愈強。許多家長會在寶寶開始採取 BLW 的前幾週，自動給他原味的食物，像是蒸蔬菜或水果等等，不過，倒

也限制他吃市售嬰兒食品廠牌推出的溫和食物口味。

　　所有的寶寶在媽媽子宮中都會接觸到各式各樣不同的口味，因為他們會吞嚥羊水，而羊水中則含有媽媽所吃食物遺留下來的味道。喝母乳的寶寶也會喝到不同口味的母乳，這味道是根據母親飲食而產生變化的。新口味的母乳，寶寶通常是喜歡的，就算是味道濃烈也不例外，媽媽常吃的食物口味尤其如此。事實上，研究顯示以母乳哺餵的寶寶會習慣接受他們從母乳時代起就已經熟悉的口味（例如，蒜頭），或許因為這是一種告訴他們，這些是安全食物的方式。現在還有很多人深信寶寶最初的食物必須近於無味。的確，在某些文化中，幼兒是不能吃蔬菜和肉類的，這是他們的信念——結果，寶寶的飲食就被侷限在麥片米飯之類，直到在料理中運用香草與辛香料。風味濃郁的蔬菜，不僅能讓食物的味道更好，對家人的健康也有好處，因為這類食物很多都具有保健與營養上的作用。種類豐富的健康食物以及口味也較能提供寶寶良好的維生素與礦物質來源。

　　和被人餵的寶寶相較，自己餵食的寶寶比較願意嘗試新食物，在口味方面也比大膽，因為對他們來說，用餐是很享受的一件事。如果能把下面的提示記住也蠻好的：

♪ 一定要讓寶寶自行決定吃不吃某種食物——如果他一副不想吃的樣子，不需要勸他吃。

- 寶寶會用嘴巴前部品嚐新的食物，不喜歡就吐掉——別告訴他不要這麼這麼做，更不要去禁止他做。容許他拒吃不喜歡的食物有助於他學習信任食物（這或許是許多匙餵寶寶拒吃新食物的理由之一——要把磨成泥的食物吐掉困難多了）。

- 讓寶寶和其他家人一起進餐，這樣他才能學到別人正在吃什麼——如果你們全家都在吃咖哩飯，而且吃得開開心心的，寶寶的好奇心也幾乎一定會驅使他嘗試。

- 給寶寶機會試試你一般不吃的食物，以及全家常吃的餐食，這樣他嚐到的食物口味種類才會多。

「我們從一開始，就給伊紗貝拉嘗試口味非常廣泛的食物了——能夠想到的許多東西都已經給她了——而現在，她幾乎什麼都吃。我們外出旅行時真的太好了。像德國酸菜、辣椒、辣味烤雞等等，她一直都肯吃——她口味之廣，勝於許多我們認識的大人。

珍妮佛，四歲大伊紗貝拉的媽媽

有些一直用嬰兒配方奶餵寶寶的家長發現（前六個月都餵嬰兒配方奶，所以奶水味道嚐起來都一樣），他們的寶寶一開始在口味上比較保守。這種情況通常不會持續太久，而且一般來說，大多數寶寶還是願意去試試看的，即使口味濃烈的食物也一樣。不過，無論你家寶寶有多遲疑，只要給他更多機會去嘗試不同的食物，他就愈會模仿他人的行為，隨著時間過去，對食物也就不會那麼小心翼翼了。

許多採用 BLW 的寶寶，表現都讓他們的家長大嚇一驚，因為他們會去品嚐含有辛香料或是辣的食物，試過之後還會回頭去多吃。即使有些食物你只是偶而品嚐，或是外出時才吃，在你吃的時候請讓寶寶加入你，讓他也有機會試試看。只要食物不是太「辣」，當然囉──別奢望寶寶會一下子就愛上印度的辣咖哩！（大多數酷吃辛辣食物的文化，都先讓寶寶從家常溫和版的辛辣食物開始）。如果寶寶不想品嚐，不必去進行勸說──有些食物的氣味強烈，他可能得花一段時間適應。大多數的辛辣食物都會搭配原味的食物一起食用，例如米飯或麵條，所以寶寶是不會挨餓的。手上準備好水或是原味優酪乳，這樣萬一寶寶覺得食物太辣還可以中和一下──別忘了自己先試吃一下味道，在允許寶寶自己吃之前，先把所有的辣椒拿掉。

勇於嘗試的味蕾

引介辛辣食物給寶寶

　　由扁豆製做的一種印度豆泥簡單、濃稠，是介紹寶寶吃辛辣食物時一種不錯的入門選擇。你可以把各式各樣的蔬菜加進去，然後慢慢提高辛香料的量，或是試試不同的組合。扁豆營養價值高，含有許多蛋白質與鐵質。口袋夾餅、印度麥餅或是吐司麵包都可以用來作為沾棒，印度豆泥也可以用手抓來吃，或是揉成丸子，混合米飯，又或者用湯匙盛好拿給寶寶，讓他自己吃。

　　「哈蕊特九個月大時，我們有次出門去吃咖哩。那時候，她米飯已經吃得很好了。她從我盤中抓了一把飯過去，而飯上沾了咖哩醬汁。問題是，那次的咖哩真的非常辣——事實上，對我來說都太辣。不過在我什麼都還沒做之前，她就把東西送進了嘴裡。我以為她會大發雷霆，但她只是歪頭想了想，就把咖哩吞下肚，然後再去抓來吃。」

　　　　　　　　　　　　　珍，二歲大哈蕊特的媽媽

學習了解食物的口感

　　當我們給寶寶各式各樣味道不同的食物時，別忘了他也需

要有機會品嚐食物不同的口感。食物大多數的口感或質地——湯湯水水的、脆的、耐嚼的、軟綿的等，你自己的飲食中可能一應俱全，所以如果你的食物變化多，那就沒必要把寶寶的食物限制在認為他能輕易拿起來的範圍。讓他探索質地口感範圍廣泛的食物可以幫助他發展出各種與進食相關的技巧，避免吃的時候噎到、幫助他培養注意口腔衛生的習慣，甚至日後的語言技巧。他也會享受發掘食物中不同軟硬度或濃稠度的樂趣。

　　寶寶在學會使用餐具之前，為了把各種不同質地的食物放進嘴巴裡，往往會別出心裁的想出辦法。這時候就需要你出動相機了！寶寶（以及他周遭所有的東西）可能會被他試圖要吃進嘴裡的食物覆蓋。他可能會去吸食義大利麵、把米飯或碎肉鏟進嘴巴裡，拿著雞骨頭大啃特啃、嘗試直接從盤子上吃東西，把盤子舔乾淨或是一顆一顆的撿豆子——或許還會以出乎你意料之外的飛快速度把豆子彈進他嘴裡（這對手眼協調的練習來說真是太棒了）。無論如何，你只要準備好全家的餐食，你的寶寶就會想出辦法來吃。

　　食物的質地不是只分「軟」、「硬」——還有許多介於之間，以及差別細膩的質地。舉例來說：

❧ 烤蔬菜外酥內軟。

❧ 烤麵包的酥屑又硬又乾，而蘋果則是脆而有汁。

- 根據成熟度的不同,梨子可能有的硬、有的軟(而且真的很多汁),而蔬菜則依照你烹飪的時間,或鮮脆、或軟爛。

- 像脆餅這樣的食物,剛入口咬的時候酥脆,但幾乎一碰到舌頭就變軟了。

- 香蕉咬的時候硬硬的,但是咀嚼時卻軟綿——馬鈴薯泥則是咬和咀嚼時都軟。

- 切達乳酪很硬,可以吸很久。

- 愛丹乳酪(Edam cheese)口感如橡膠,菲達羊奶鹹乳酪(Feta cheese)和柴郡乳酪(Cheshire cheese)卻很容易碎掉。

- 肉類彈性好,而魚肉則是柔軟易碎。

- 馬鈴薯泥可以做成乾又粉、軟而黏——或甚至幾乎流質。

- 雞腿肉有肉的口感,骨頭的硬度(研究如何把肉從腿骨上拆分下來可能很有挑戰性又有趣)。

- 核果沾醬以及許多乳酪可能很柔軟,但非常黏稠,所以寶寶得找出辦法,看要如何用舌頭來幫助他把這些沾醬移到嘴巴周遭去。

酥脆的口感樂趣多多

研究顯示，吃口感酥脆的食物時可以得到一種特別的樂趣。似乎是第一口咬下去時產生的巨大爆響聲會觸動腦中的歡愉接收器。這意味著，最初只餵養食物泥的寶寶將會錯失一種極為重要的歡愉來源——這是採用 BLW 的寶寶在未來幾年，想到用餐時，都能聯想到的。

「納銳旭大約八個半月左右時，第一次從我盤中拿了一些米飯過去——剛開始是用手抓一把，然後他開始一顆一顆撿起來，小心翼翼的把每顆米飯放進自己嘴裡。直到那之前，除了蔬菜條之外，我從沒想過要給他其他東西吃。他處理不同食物的能力每每讓我驚喜不已。」

拉旭米，十個月大納銳旭的媽媽

給寶寶吃流質食物

雖說大多數的家長很喜歡看自家寶寶在處理不同質地的食物時，匠心獨運的創意，但卻往往在下面畫上一條分隔線，不怎麼讓寶寶餵自己吃流質的東西。部分原因是因為他們無法想像，

不用湯匙餵，寶寶要怎麼吃這些湯湯水水的東西，而部分原因則是因為，吃這類食物無可避免的會把周遭搞得一團混亂。但是，寶寶的適應力超強，他們用不了多久時間，就能找出一套屬於自己的辦法來處理半液體狀態的食物，像是粥或優格了。有些寶寶非常善於使用自己的手指來處理甚至是含最多湯汁的食物，而其他寶寶似乎比較「不愛」舔自己的手指，他們發現，直接從裝著的容器喝，例如裝優格的小盒罐喝，效果最好。

很多寶寶在短期內就學會使用「沾棒」（例如麵包棒）或湯匙，並將其放進流質食物裡來沾，有時候這個技能是他們在了解湯匙如何使用之前很早就會了的。有些寶寶在握好大人給他們裝好食物的湯匙後，就知道怎麼用湯匙，即使那時他們還無法在沒有協助的情況下自己裝食物。而另一種替代的方式則是，如果你把粥或醬汁幫寶寶熬得濃稠些，他就能用手撈住，送進嘴裡，就算不夠濃稠，還可以塗在米香餅乾、燕麥餅乾或吐司麵包上吃。寶寶也會發現，湯中有塊狀食物的比較容易撈出來，如果湯是清澈或滑順的，可以用麵包棒插進去沾汁，加進米飯或麵包塊也能讓湯汁變稠。

BLW 要成功的關鍵就在於從寶寶的觀點看事情，請試著把成人套用在用餐的種種規矩都忘掉。現在還不到擔心餐桌禮儀的時候——到時自然就能學會——寶寶必須先會用自己的方式控制食物。至於髒亂，唉，反正既然無法避免，倒不如做好準備，讓

收拾起來不會太費力。請記住，流質食物不必每天給孩子，這個吃得凌亂不堪的階段是不會維持太久的。等寶寶大一點後，你會想念他一臉優格的可愛模樣──這是說真的！

最重要的，絕對不要告訴寶寶別弄得一團亂，或是讓他知道弄亂對你很麻煩。還在幼兒階段的寶寶，因為用餐氣氛不愉快，導致養成偏食毛病的例子也不少見，而且如果寶寶早期吃流質食物、或進食時將附近弄亂的經驗讓他產生壓力，那麼日後很容易能看出來。**BLW 成功的關鍵之一是：用餐時間一定要保持愉快！**

給寶寶吃流質食物

「我用豆子和火腿做了一道濃湯，菲兒愛得不得了。我給她一支湯匙，她就用湯匙去沾了，吸了不少。不過，最後，她放棄用湯匙，把整個小臉埋到湯碗裡面去（我們用的是有附吸口的湯碗，但是我得把上邊握住，以免她上下翻倒）。在那之後，她把兩隻手都放進去，好像真的拿到了不少湯。這是最初最成功的事情之一，而那時候時間還真的相當早。我們做這件事時，她可能還不到七個半月。」

珍妮絲，四歲大阿飛以及七個月大菲兒的媽媽

大吃大喝和挨餓不吃

當寶寶開始吃固體食物幾個月後，他了解了食物有止飢的作用，你就可以預期到他在進食時出現的模式。不過，雖然他的食量或許比最初幾個月進行食物實驗時來得多，但是這食量上的驟然變化還是會讓你驚訝——從某一天的大吃大喝到第二天的挨餓不吃。有些寶寶一開始顯然是沒吃多少，但是突然之間變成把入眼的食物全都掃吃下肚。只要你提供的食物很營養，那只要信任寶寶的胃口和本能就好，信任他知道自己需要什麼、什麼時候需要。如果他還是要求大量的奶水，那麼肯定不會餓到肚子。

「提到吃這件事，羅伯特就是一個不折不扣的孩子了：三天不吃，一吃抵三天。我自己是完全一個樣子——我媽顯然會不斷的說，『我不擔心，因為我曉得過幾天，他就會像一匹馬一樣吃個沒完沒了』。」

凱絲，三歲大尤恩以及十八個月大羅伯特的媽媽

寶寶便便的變化

　　寶寶開始吃固體食物後，你會注意到的最大改變可能就是便便了。完全以母乳餵養的孩子，便便是軟的、有點水水的，顏色偏黃，味道聞起來很淡（有些父母會說，幾乎是甜味）。寶寶出生一個月左右，餵母乳的寶寶一天可能會大好幾次，但是過了大約四到六週，可能就變成幾天才大一次。有些寶寶甚至在長達三個禮拜的時間裡都沒排便。但這一切的前提是，寶寶必須是健康的，如果寶寶健康，這就非常正常，不是便祕。

　　喝嬰兒配方奶的寶寶從出生後排便顏色就偏黑了一點，而且也比較成形，他們一開始排便的次數較少。便便的氣味也比餵母乳的寶寶便便稍微濃些。他們有可能便祕，特別是天氣熱的時候，這正是為什麼家長會被告知要額外多餵他們喝點水的原因。

　　初次提供固體食物給寶寶時，他可能只會玩一玩。是不是真正「吞」下肚，第一個跡象就是看看便便裡面是否有「一塊一塊」的東西（餵母乳的寶寶糞便很軟，較容易看出來）。你甚至可以從排便之前一至兩天的食物裡，認出吃下肚的是什麼食物（有時候，會和你想像中的不同。舉例來說，香蕉會以黑色、像蟲子一樣的條狀出現）。這並不代表寶寶無法消化食物，只是顯示寶寶的身體正在調適，發展分解食物所需的酵素酶。這種情況在他學會吞嚥及徹底咀嚼後也會減少。

慢慢的，寶寶的便便會愈來愈硬，顏色也更深，只是寶寶如果還在喝很多母乳，不成形的糞便還是正常的。但是最容易注意到的改變是氣味！當你習慣只喝奶水的糞便氣味，這時就難以預期了。不過，這是再正常不過的。寶寶排氣的次數也可能比以前稍多——也可能是他排氣時比較容易被注意到，因為有味道！

有些寶寶在便便開始改變時，屁股會略微紅腫。如果出現這種情形，你只需要多留一下心，在尿布髒的時候立刻幫他換即可。

「他的便便在很短的時間裡就產生變化了；大概只經過五、六個禮拜的時間。我們感到很驕傲——這也是卡密隆第一次正常的排便。之前，他一個禮拜只排便兩至三次，現在則是天天，而且再也沒變回去了——他吃下去的一定比我們發覺的多。」

蘇菲，八個月大卡密隆的媽媽

「從大約六個半月左右起，亞拉娜開始把食物放進嘴裡，但是她的便便似乎很久很久也沒什麼改變。直到第九個月、第十個月左右，而且似乎進去什麼就出來什麼──我們看到小塊小塊的胡蘿蔔或紅椒出現在還是相當稀的母乳糞便中。當她開始真正把食物吃下肚子後，糞便才慢慢的愈來愈成形。」

莫妮卡，十五個月大亞拉娜的媽媽

 ## 「吃得足夠嗎？」：學習信任你的寶寶

對 BLW 來說，許多家長最難做到的事就是信任寶寶吃的是他所需的量。採取 BLW 的寶寶食量看來可能持續偏少，甚至當他們開始有目的性的進食之後依然如此（與單純探索食物時相照），而且讓你很難相信，他們知道自己在做什麼。

以嬰兒配方奶餵寶寶的家長已經習慣用量來控制寶寶的食量，而這個量通常是依照配方奶製造商或健康專家提供的推薦量訂定的。這同時，以配方奶餵養的寶寶每次被餵的量大概差不多。所以，如果你習慣用配方奶餵養寶寶，那麼要你信任寶寶自己知道要吃多少、多久吃一次，需要一些時間。

話說回來，即使是一直以母乳餵養的家長，已經信任寶寶能依照需要量吃或喝（而從來沒真正知道寶寶到底喝下多少母乳），也很難相信寶寶吃的是不是「正確」的量。

如果你擔心寶寶吃的食物量不足，不妨想想以下幾件事：

❧ 我們對於寶寶應該吃多少的概念似乎都是建立在白白胖胖就是健康的基礎上。

❧ 自己的胃口及需求有多大，寶寶自己才是專家。

❧ 你可能會把採用 BLW 寶寶的食量拿來跟用湯匙餵食物泥的寶寶相比。別忘了，磨泥的食物經常還摻合了水或牛奶，所以看起來比實際的量多——而 BLW 中的全是實打實的食物。

❧ 即使是同年紀的寶寶，也會因為體重、活動程度的不同，而必須吃分量很不同的食物，因為他們的新陳代謝機能也不同（我們都知道，有些健康的成年人似乎光靠空氣也能活⋯⋯）。

❧ 寶寶的胃很小（大約他們自己拳頭的大小），所以需要少量多餐。他們通常無法每一餐都吃很多。

❧ 最初的固體食物應該是要寶寶喝奶之外另外添加（或補充）
的，而不是取代原有奶水的。母奶或嬰兒配方奶依然是離乳
初期幾個月，寶寶主要的營養來源，而且直到至少週歲之前，
都應該是他們餐食中重要的一部分。

　　有時候，看寶寶吃了什麼會讓你產生良好的自我感覺。如
果你給寶寶的食物量少，讓他還想多要，你會感到高興。但你給
了一大盤，讓他吃不完，你或許就感到會失望了。無論你採取的
是哪種作法，他都可能有機會吃到正好相同的量——也是他正好
需要的量！

　　一般來說，如果寶寶有排便、排尿，而且健康的長大，那
麼你就可以自信滿滿的說，他吃量是夠的。

　　「一講到吃飯時間，我的父母親就會問，『你到底有沒
有把東西餵到凱伊拉嘴裡呀？』但是，有沒有把食物送進她
嘴裡不是問題啊！凱伊拉自己就很會吃了，所以她根本不會
挨餓；她如果肚子餓，有食物就會吃。」

　　　　　　　　　　　　　珍妮，二歲大凱伊拉的媽媽

BLW 的故事

　　米雅長到三、四個月大時，她的爺爺奶奶就開始念著，應該要開始吃固體食物了。但米雅就是沒興趣啊——我真的很有壓力。

　　我在她六個月左右試著拿食物給她，但她只是玩——那個年紀的她，甚至沒把食物放進嘴巴裡。我記得有一次跟一票一起上產前班的媽媽出去，她們的寶寶都是用湯匙餵主食，也就是布丁，然後再餵一點乾麵包作為結束的。而米雅卻什麼都不吃——我只餵她喝母乳。所以，我當然就會在心裡嘀咕，她到底會不會開始吃東西啊？！

　　在那個階段，我不是很有信心——我很擔心，她「光玩」不吃，但我還是每次用餐都拿點東西給她——而她也就慢慢的吃了起來。即使如此，她的食物還是有百分之九十都到地板上報到了。我想她沒吃多少下肚，直到大概八個月左右。我花了好一陣子才信任她真的可以餵自己吃東西了。我需要一點信心來相信她很開心，而且有好好的在長大，她有機會吃東西，所以顯然不會餓肚子。

　　現在，我已經不會再擔心了。有時候她會大吃一頓，然後兩至三天沒吃什麼。不過她現在真的很喜歡吃東西。她吃的食物是大多數寶寶可能根本沒機會去碰的——像是橄欖、西班牙香腸和辛辣食物。她現在的口味就能如此廣泛真是太好了。大部分的人都感到很驚訝呢！義大利籍的公

公婆婆曾經對我們引介她吃固體食物的方式抱持非常懷疑的態度——直到我們在米雅十一個月大左右，帶她過去公婆那吃了一頓飯，她把一整碗的義大麵都吃得精光！

喬安娜，十七個月大米雅的媽媽

 ## 「我吃飽了！」：接收寶寶的訊號

已經採取 BLW 幾個月的寶寶通常都會給父母明確的訊號，告訴他們，某種特定的食物，他不想再吃了，或是他吃飽了，這餐結束了。他們可能會把某種特定的食物一塊塊拿起來，讓食物一塊接一塊從餐椅的邊緣掉落下去——或把所有食物從盤子上掃掉。有些寶寶的動作比較小：他們只是開始搖頭——或是把食物一塊塊交給他們的爸媽。有些家長會教寶寶使用身體的訊號語言，幫助他們溝通需求。不管是哪種方式，訊息很快就能明確的表達。

話說回來，在採取 BLW 的早期階段，要判斷寶寶是不是吃飽了的確比較困難，因為很多扔食物、掉食物的舉動都不是故意的。幸好，在剛開始的幾個禮拜，你不太需要去管寶寶是不是真的吃完了，因為這個階段的「吃飯」並不是真的要讓他們吃飽——而是要讓他們學習品嚐，並探索食物的。

要確定寶寶是否吃飽的訣竅是，絕對要多給他們一些——或許，給他們一些不同的東西，又或者從你自己的碗盤中撥給他（即使是跟他盤子裡面的食物完全相同也一樣）——但不要期望他們會去吃。這樣一來，如果他不需要了，弄翻了，你也不會失望。這種作法比光看見他碗盤裡面空了就認為他吃飽了來得保險。

BLW 的故事

　　我真的超愛看梅德琳選擇要拿哪種食物來吃：她拿東西時，動作非常明確。當初我們用湯匙餵我們的第一個孩子——諾亞，而我還清楚記得吃食物糊的階段有多無聊。餵了一陣子後，遞出湯匙，想盡辦法讓緊密的嘴巴張開變得極為冗長而無趣。我還忘不了，當時自己寧可換三次尿布也不愛餵他吃一頓飯。

　　梅德琳的時候就完全不同了。因為她是自己高高興興把食物拿起來的，你看得出來，一開始——當她肚子餓的時候——她用很快的速度把東西咀嚼後然後吞下去。然後，你可以看到她漸漸放慢了速度，開始玩起了食物，接著再讓食物從餐椅旁邊掉下去。這是「這頓飯吃完了，我已經飽了」的清楚指示。

　　　　　　尼克，四歲大諾亞以及八個月大梅德琳的爸爸

「我不想吃！」：寶寶拒食和偏食

　　與擔心幼兒食量密切相關的是關心他們吃什麼。大一點的嬰兒和學步期的寶寶通常會經歷幾個「偏食」的時期，那時候，他們每次可能好幾天都只愛吃某種特定的食物。雖說原因可能不明，但如果採取 BLW 的寶寶突然出現偏食的行為，什麼都不想吃，只吃香蕉一種，似乎也算是挺自然的行為。這種情況，不應該與孩子以食物為手段，和父母爆發意氣之爭這種讓人操心的行為混淆。

　　嬰幼兒的本能似乎知道哪些食物可以提供他們所需的營養，而許多家長也注意到「偏食」與他們寶寶的一般性發育或健康頗為一致。舉例來說，嬰兒和學步期的寶寶在快速成長的某些階段，飲食似乎會偏重在碳水化合物上，而當他們生了病，正在復原時，食物則會偏重在蛋白質食物、水果、或是奶水上。在某些例子中，有報告顯示有些寶寶拒吃了某些食物，而稍後這些食物正好成為他們的致敏物。如果真的是寶寶的生存本能驅使他們產生如此行為，那麼難怪他們對於被迫去吃某些不想吃的食物，反應也就如此強烈了。

　　所以寶寶某幾天都「大吃」某一種食物（或是一小類食物）不僅對寶寶有益——而之後突然之間，完全不吃那些食物——對他們可能真的有好處呢。而且，他們也不太可能會「營養不良」，

因為大多數的食物之中都含有多種營養（不是只有一類），很少必須天天都得去吃。

而 BLW 的寶寶也會在每一餐開始的時候，最先選吃某些特定食物，以顯示他們的喜好——或許還有需要。有些家長曾注意到他們的孩子在天氣冷的時候會迫不及待的衝向脂肪含量豐富的食物（脂肪是熱量的濃縮來源，而天氣冷的時候，身體需要保持溫暖，所也熱量燃燒得快）。而其他的寶寶則先去吃肉類或是深綠色蔬菜——可能是因為他們需要額外的鐵質。

「芬恩曾有一個時期以清掉托盤中所有東西的方式來告訴我們，他吃飽了——他把整隻手臂和手伸出去，就像車子擋風板上的雨刷一樣。這個訊號有效又清楚，他那一餐吃飽了。自從我們給了他盤子或碗來裝食物後，他掃托盤的行為就減少了，而我則要求他把食物塊放在盤子上。這樣通常會讓他有些分心——但有時他覺得受夠了，就會把整個盤子弄掉！」

梅兒，十一個月大芬恩的媽媽

「我一直覺得當我孩子的指紋印在奶油上時，天氣就要變冷了。」

瑪麗，兩位子女的母親、三個孫兒女的祖母

　　寶寶會嗜吃某種特定的食物似乎是一種對需求的回應，所以相信他們的本能，並且讓他們自己做主選擇很重要。容許寶寶自己決定食物並不會讓他們變得挑剔；因為就如我們所見，通常是自覺對於食物沒有控制力的寶寶比較容易挑剔自己吃的食物。

　　偏食這件事是無法預測的，所以不要因為你家寶寶昨天除了芒果之外什麼都不吃，就假設他偏食，今天非得提供他其他食物，這樣是沒道理的。寶寶年紀還太小，無法開口說出他們需要的食物，所以就會透過選擇某些食物的方式，告訴我們他們需要什麼——然後拒絕其他的食物——從他們被提供的選擇裡。

　　就如同寶寶可能會狂吃某些特定食物一樣，他也可能會「拒吃」某些特定食物——即使之前他還蠻喜歡的。你最好接受這種食物可能會被拒絕一段時間的想法。現在不必去擔心將來要不要把這些食物放進餐食裡；如果這些東西原本就是家人會吃的，那就繼續供應（不用因此拿掉）。如果寶寶看著你們吃，並且有機

「我不想吃！」：寶寶拒食和偏食

會再試一次，或許很有機會會改變心意的。但是如果你不再提供了，他是否已經做好準備再試一次，你也無從得知。

綜合以上，如果你的寶寶正在經歷偏食階段，那麼你得想辦法放輕鬆，別擔心他們可能會變得多極端，而這段時間又會持續多久。知易行難，但是如果你發現自己對於寶寶除了藍莓之外什麼都不吃一事，緊張兮兮，那麼就自問可有其他替代辦法。大多數的餐桌之戰並不是起於孩子的拒吃，而在家長的堅持。這種戰爭，家長得勝得少，而且付出的代價就是快樂的親子關係。換句話說，和孩子開戰不是解決問題的方式。如果放任他們順其自然，這種對食物偏執的情況一般最多幾個禮拜就過去了。

「我記得雪洛特有一次因為感染病毒而生病時，她選擇的食物全是蛋白質。這件事真是很稀奇。另外一個巧合的情況則是我們在她兩歲半時帶她去度假，她吃的全是碳水化合物，那個時候，她兩個禮拜左右就長了三公分，實在非常神奇。我現在深深相信，孩子會根據需求，選擇符合自己需要的食物來吃。」

芭芭拉，六歲大雪洛特以及兩歲大大衛的媽媽

「傑可經歷了一段香蕉期，那個時候，他每天早餐都只吃一大根香蕉，吃了大約兩個禮拜。然後，突然有一天，他就再也不想吃香蕉了。後來他會吃一點，但是沒以前吃得多。」

史提夫，八個月大傑可的爸爸

「喝點飲料嗎？」：配合寶寶的需要

當你把餐食和寶寶一起分享時，心裡或許會想，他吃東西時該不該和大人一樣，配個飲料呢？如果其他每個人都喝，那麼這件事可能自然而然就發生了；在某個時間點之後，寶寶就會生出好奇心，開始模仿你從玻璃杯、杯子或馬克杯裡喝飲料。只要你不用咬後會破的容器（像是玻璃酒杯）喝東西，或是喝不適合他喝的東西（像是含酒精飲料），就讓他喝吧。如果你允許他練習，寶寶很快就能從有開口的杯子喝到東西。不過就和寶寶最初吃東西時的經驗一樣，他要很多次才會知道飲料能止渴。

寶寶多快會真正對飲料「有需求」，多少得看你是否仍然餵他喝母乳或配方奶來決定。純母乳哺育的寶寶可以用飲食的方式獲得所需的一切，即使天氣非常炎熱，只要決定多久餵一次奶、一次喝多久就可以，因為在一次餵哺之中，母乳就會產生變化。這個過程在進入離乳期間仍會持續運作得很好，前提是寶寶只要一要求喝奶，媽媽就能餵他。如果你在用餐時給寶寶喝水的機會，他就能用學習進食的方式，學會喝水。

嬰兒配方奶太濃郁，所以很難真正的止渴，況且嬰兒配方奶在整個餵奶過程中口味都不會有任何變化，所以就算寶寶還沒開始吃固體食物，偶而也需要喝喝水。固定給寶寶水喝（最好用杯子）可以讓他（與你自己）在渴的時候，而不是飢餓的時候知

道要喝水，也能確保他的體重不會增加太多（如果他真正需要的只是水，而你卻一次又一次的餵他喝高熱量的嬰兒配方奶，就會有體重過重的風險）。寶寶不必非喝水不可，但是應該給他機會選擇。

水和母乳是嬰幼兒最好的飲料。水最好要濾過，並經過煮沸。純果汁（或是蔬菜汁，以大量的水稀釋：至少十比一的水和果汁比例），每次給「非常」少的量是沒關係的，但是太常喝果汁可能對牙齒造成傷害（甚至在牙齒長出來之前），果汁也能讓寶寶品嚐到甜飲料的滋味。請記住，果汁絕對沒有整顆果子營養——而且會讓寶寶產生飽足感，佔據了之後可以吃營養食物的空間。如果你想給寶寶喝稀釋果汁，用一般的寶寶杯子比用有吸嘴的杯子或奶瓶對牙齒較好。但是最好還是給他水，這樣他渴了就會喝。

市售的果汁飲料或是果汁氣泡水裡面含有大量的糖，但幾乎沒有營養，最好完全不喝。茶對寶寶不好，因為會讓他們從食物中吸收營養的能力變差，特別是鐵質。咖啡、茶、和可樂這些飲料都含有咖啡因，會讓嬰兒和兒童躁鬱不安。不推薦一歲以下的嬰幼兒以牛奶作為飲料。

「還要喝奶嗎？」：吃飯和喝奶是兩件事

寶寶一歲前的成長速度比人生中任何時期都快，需要含有豐富養分和熱量的母乳或是嬰兒配方奶來配合；無論是哪一種固體食物，裡面所含的養分都完全無法與之相比。所以，如果寶寶在第一次入口食物後數月內都毫無以固體食物取代喝奶的跡象，也別感到驚訝。

正如我們所見，寶寶剛開始吃固體食物時，實際上是在摸索食物不同的味道和口感，並讓他們的身體逐漸去適應消化新的食物。當寶寶在用餐時間愈吃愈多時，對母乳或是配方奶的需求就會減少；而這個改變發生的速度因人而異，差別極大。

你和寶寶所經歷的這種逐漸減少餵乳量的過程，也會因為寶寶是餵母乳或是配方奶而有所不同。如果你以母乳哺育，而且只讓寶寶喝母乳，雖說寶寶每次喝奶的時間可能會縮短，但他每天喝奶次數的變化，你未必會注意到。如果你餵的是配方奶，那麼在寶寶一歲之前，你就可以預期餵奶次數會減到一天一到兩次。

如果你是母乳配合配方奶混餵，那麼或許你會發現可以將配方奶停掉，只保持餵母乳。這麼做可以確保你和寶寶因為喝母乳在健康獲得的好處能維持得更久。

無論你是餵母乳、配方奶，或是兩者一起，一開始，你最

好把餵奶和吃飯當成不同的兩件事。初期，當寶寶肚子餓了，他會想要（並需要）喝奶。他對其他食物可以填飽肚子這件事，一無所知。而且當喝奶是他真正想要的，而你卻讓他坐在餐椅上，給他一塊又一塊的食物玩，他是不會開心的。把餵奶想成另外一件事也意味著，減少餵奶這件事在寶寶對奶水的需求減少後，自然就會發生。

當寶寶每餐的食量變大後，他要求喝奶的時間會比平時稍微延後，或是喝奶的時候量會減少。當他開始吃起真正的小餐，也喝水（或是喝了一次時間短暫的母乳）配合後，就會開始跳過一些奶水正餐。

只要你好好傾聽他「告訴」你的話（他如果想喝奶，就會用平常的方式要求。不想喝奶的話，當你給他母乳或奶瓶時，他會把頭轉開），並且不要嘗試讓他喝下比需求更多的量，應該就能靠著他的胃口，讓你們兩人都知道要做什麼。

「還要喝奶嗎？」：吃飯和喝奶是兩件事

「就算還不到兩次，路克或許已經減少一次餵奶的次數了。但在他開始吃固體食物後，依然經常在進食後想喝奶。而我記得說自己說過：『他現在要的奶水量比從前還多。』不過，我想那是開始吃新食物後的一個階段。是否餵母乳取決於其他的事──他是不是累了、長牙了、或是不舒服。如果他累了，常常會在吃過一點晚餐後，直接靠近我胸前喝奶，吃喝一次全來。」

安娜，八個月大路克的媽媽

　　寶寶減少喝奶的方式也可以反向進行，彈性很大。有時候，寶寶對固體食物可能興趣缺缺，又或是，你可能因為某些原因無法跟平常一樣，給他那麼多餐。又或者是，他覺得不舒服、在長牙，想要用餵奶來安撫。

　　這些時候，他對母乳的胃口會變大，這樣才不會肚子餓。如果你餵的是配方奶，只需讓他多喝就好。如果你是餵母乳，讓他想喝時就能喝到，這樣可以刺激你的身體分泌更多奶水──就算你的泌乳量已經開始減少也一樣。

「在餵奶方面，我倒是沒注意到有多少變化。食物是緊接著母乳之後吃的，而奧斯丁從食物中獲取的熱量，似乎是以極緩慢的速度在逐漸增加之中。他現在是個大男孩了，奧斯丁。我不知道和這件事有沒有關係。」

布優妮，二十二個月大奧斯丁的媽媽

「開始時，我們只維持原來配方奶的量。這樣的情形似乎很久很久都沒什麼變化，我們除了餵配方奶或是固體食物之外，好像什麼也沒做。然後當寇依大約九個月大時，有一天，她忘記要她的下午茶奶了——我也沒提醒她。她似乎不想念她的奶瓶，也沒再回頭再去喝過。我真的很驚訝——我還以為我是餵她的人，我必須幫她多做點決定的。」

海倫，十五個月大寇依的媽媽

「還要喝奶嗎？」：吃飯和喝奶是兩件事

讓寶寶決定何時結束餵奶

　　BLW 最自然的結果就是讓寶寶自己決定何時要停止喝奶。在實際操作上，餵母乳的寶寶比餵配方奶的寶寶更容易以自然的方式完成這種轉變，改成與全家一起吃飯。主要原因可能是因為家長被告知最好在寶寶一歲大左右要從奶瓶轉換成杯子（延長瓶餵已經證明會讓牙齒變壞）。而大多數家長也選擇在同一時間讓寶寶停喝配方奶。

　　餵母乳的寶寶自發性的在週歲之前停喝母乳也是不多見的事。就算喝母乳只是早上起床後和睡覺之前的第一件事和最後一件事，許多孩子（和母親）直到進入學步期間很久之後都還依然持續享受母乳提供的健康保護。

　　母乳可以保護寶寶，免於受到多種不同的感染（例如，胸部、耳朵和胃部的感染），而母親持續餵母乳的時間愈長，對自身在乳房的疾病、子宮癌與骨質疏鬆上的保護也就愈多。世界健康組織推薦所有的孩子都應該以母乳哺育到兩歲或兩歲以上。

　　以母乳哺育的寶寶會透過不再要求乳房或是給時轉頭拒絕的方式，讓媽媽知道他什麼時候要停喝。如果他已經能開口講話，可能就會直接告訴母親，他不想再喝母乳了。

早、中、晚餐——外加點心時間

當寶寶決定要減少喝奶量時，他在正餐之間可能會肚子餓。人類的寶寶天生是「草食性動物」。也就是說，天生就少量多餐。我們只有在長了年紀以後，才會把自己訓練成每餐吃多、用餐次數減少（雖說，這倒底算不算得上是好事還有爭議）。寶寶腸胃小，胃容量實在太小，根本無法一日三餐，尤其是在餵奶次數還未減少之時。大多數的寶寶都無法有足夠大的胃，可以在白天吃一頓，撐上四、五個小時，什麼都不吃。

所以，當寶寶真的開始吃固體食物，並要求減少喝奶量時，你可以開始給他健康的點心。讓他吃得好、吃得少但是多吃幾次，這樣當他在「正」餐食量小時，你也不會太擔心。不過，別忘了，只有透過食物的提供，你才能知道你家寶寶想吃什麼；如果他想喝奶，就別要他吃點心。

對於十八個月以下的寶寶來說，點心和正餐是不必區分的，無論是在哪裡吃、什麼時候吃，或是年齡已經多大了都沒關係——只要食物是營養的，在兩次吃東西之間，給寶寶機會去吃每日必吃的主要食物種類。幼小的孩子應該持續不斷的供給食物，一天可以多達六次或六次以上，時間可以長達數年。經常給寶寶很有營養的點心也是避免小孩討甜點或垃圾食物的最佳辦法。但是請記住，和用餐時一樣，如果寶寶拒絕了你給的點心，就是擺明了告訴你，他不需要。

許多被市場標示為點心的食物其實並不健康。大人和較大的孩子在飢腸轆轆時，經常會去找洋芋片、巧克力棒和氣泡飲料來充飢。這些食物對誰都沒好處：無論是寶寶、兒童還是大人。這類食物中鹽和／或糖含量很重，其他添加劑也多，只能提供短暫的能量，實際上營養極少。含糖的食物對牙齒不好，所有年齡都一樣——甚至在牙齒長出來之前。

由於這些高度加工過的點心裡面其實大多沒有營養，所以除非孩子肚子餓，而你手上真的沒什麼東西好給他，才讓他吃。出門時，確定你隨時備有一些可以當做點心的食物，像是蘋果、香蕉或是米香餅乾，這樣你沒合適點心的場合就很少了。如果你非得讓寶寶吃一些營養價值低的食物，那麼就試著將量降到最低，這樣寶寶才不會吃得太飽，以致於下一頓飯吃不下。一整包洋芋片對你來說似乎沒什麼，但卻足以填飽一個學步小童的肚子。

吃點心時的安全

就安全性上來看，吃點心的方式必須跟用餐時完全一樣。寶寶吃東西或是處理食物時，務必確定他的上身坐直了（必要時用支撐），而且身邊一定要有成人陪伴。不要讓寶寶在看電視時吃點心（或吃飯）——如果要安安全全的吃，寶寶一定得專心，並知道他什麼時候吃飽了。

你在用餐時提供給寶寶的許多食物，也能當做點心給他。無論寶寶什麼時間吃，把寶寶所有的點心都當做一頓小主餐來看，就能讓你好好挑選有營養的食物給他。營養的點心對寶寶的健康有幫助——只有不營養的點心才會造成問題。

（和寶寶一起野餐）

　　BLW 在野餐時發揮得特別好。大多數野餐時吃的東西都是為了手拿而設計的，這正是寶寶習慣做的事。不必擔心吃得亂糟糟，也不必吃得匆匆忙忙，所以，分享野餐的食物或許比吃飯時圍著桌子吃還容易。

　　要野餐不必捨近求遠——你家的院子或是社區的公園就很不錯了——如果天氣不佳，你甚至可以來個室內野餐。

本章參考書目：
・Work of Professor Malcolm Povey, http://www.food. leeds.ac.uk/ mp.htm

寶寶筆記

寶寶主導式離乳法
與全家的生活

「BLW 對寶寶和全家人都好。用餐時間除了吃東西之外，還可以進行社交互動，而 BLW 從一開始對這方面就有促進的作用。我總是鼓勵做家長嘗試，他們一定會喜歡的，而寶寶也會覺得好玩！」

愛利森，健康訪問高級專員

「愛莉十八個月大左右，我發現自己會嘮嘮叨叨唸起跟她吃飯有關的事。倒不是真的哄她什麼，只不過會問問她是不是真的吃完了，要不要再多吃一點雞肉之類的。我開始想，她應該沒吃飽。我必須不斷的提醒自己，她知道自己需要的是什麼。只是，哄孩子吃飯是一件天經地義、根深蒂固的事，而且吃飯時還會夾雜著『好』和『壞』的行為。」

雪倫，二十二個月大愛莉的媽媽

 ## 維持寶寶主導的方式

隨著孩子的成長，確保用餐時光依然能維持愉快的氣氛很重要。正在學步的孩子，一遇到食物就惡名昭彰，但是小孩子挑

食、在餐桌上規矩很壞並非不可避免的——只是，這種事實在是司空見慣，似乎都要變成常態了。但聽到這類恐怖的故事不必感到驚慌；BLW可以幫助許多家長避開幼兒吃飯時遇上的種種問題。

小孩子會想要貫徹自己的意志，變得更倚賴自己也更獨立，所以如果單靠自己就能成功，產生成就感，他一定最為快樂。BLW在這方面是非常完美的——只要你持續放手讓他做。因此，繼續信任孩子的胃口，只在他真正需要幫助時提供幫助，讓他以自己的步調進行。

 適合寶寶的餐具

當你家寶寶已經有充裕的時間，可以把自己餵得很好後，你就可以開始考慮他的餐桌禮儀了。但是，不必擔心：他不會一直用手指頭吃，或一直把整張臉埋在食物裡。除非「你」是一直用手吃飯的，否則小孩子會有很強的動力模仿周遭大家的行為，因此他很可能會希望你允許他用刀叉。當你吃飯時讓他加入，那就「真的」把他包納進來，當他開始能掌握最基本的吃飯動作時，幫他設一個屬於他的位置，讓他也擁有自己的餐具。只是，請選擇兒童尺寸的餐具——要求小孩子使用成人尺寸的餐具就相當於叫成年人拿分沙拉的大杓子吃飯！

至於食物，還是不要太快對你家寶寶抱持太高的期望。開始時，他會把餐具視為遊戲和模仿的一部分，而不是把食物送進嘴裡的工具。因為他的手指頭在把食物送進肚子方面，效率要高多了。

　　事實上，他會用他自己思索出該怎麼用刀叉（學會用刀的時間要久一點）。在他自己做好使用餐具的準備前，鼓勵他、強迫他或是「教導」他用，只會讓他感到難過又挫敗。

　　有些寶寶在好幾個月內，餐具都是偶一嘗試，因為他們知道用手可以拿到更多的食物；而有些寶寶則學得很快。但大多數的寶寶都是在第一次生日來臨前開始使用湯匙或叉子。只要你給他機會多對不同質地和形狀的食物進行練習，寶寶會以自己的步調，很有效率的學會使用餐具。

　　雖然大多數的家長都先提供湯匙給寶寶使用，但是很多寶寶都發現，一開始使用叉子要容易些。湯匙在碗裡面最好用，可以挖有湯汁的食物──和你自己吃東西時了解的一樣。把食物從淺盤裡挖到湯匙上可能有些難度，而讓食物維持在湯匙上，送進嘴裡也需要一些技巧。用叉子把食物拿起來要比用湯匙容易，因為插中一塊食物通常比用湯匙舀起來簡單，而且即使盛接面上下顛倒，食物還是比較會留在叉子上。因此，剛開始你可能會讓他選擇叉子，而不是湯匙。你選用的叉子未必一定要是專為寶寶設計的，但是起碼尺寸要夠小，讓他能夠使用，叉子的尖頭不必太厚，

不必太厚，那會讓食物破掉，也不用太薄或太尖，以免寶寶受傷。

　　研究「沾棒」（如胡蘿蔔條、硬麵包或麵包棒）如何沾取像是豆泥或是優格這樣的食物，常常可以幫助寶寶學會握住湯匙。寶寶在無法自己用湯匙挖起東西之前，已經能從湯匙上把食物吃進嘴裡了，所以把裝好食物的湯匙交給寶寶，也是一種告知他們湯匙使用方式的有效辦法。不過，如果前面幾次寶寶拿湯匙時，把湯匙上下翻轉，將所有的食物跌落，或是揮舞手臂，讓食物飛越整個房間，請不要太訝異。寶寶幹過幾次這種事情之後，才會了解這麼做會發生的事——而即使如此，他也需要蠻長一段時間才會明白讓食物四處亂飛，真的有關係！所以，請要做好凌亂的心理準備事——又或者，如果天氣好，讓他早期的湯匙實驗在戶外進行吧！

> 　　「吃飯時間，奧利佛總愛把一支茶匙拿在手裡，他甚至在開始吃東西之前就這樣，這麼做他才有參與感。他十一個月大時，我買了一套寶寶專用的餐具給他，他就開始模仿起我們了。一開始，我會把粥放在湯匙上給他。他在把食物送進嘴裡這件事情上，做得相當好，因為這同時，他可以看到我如何吃粥。他的兩隻手也會一啟動，不過，這沒關係。只是，現在他想用成人尺寸的餐具了。」
>
> 　　　　　　卡蜜兒，　十四個月大奧利佛的媽媽

當孩子「真正」開始用起餐具（而不是拿著玩）時，他的速度會很慢。所以，請深呼吸，要有耐心。看著小小的孩子一次次嘗試，用湯匙或叉子舀起或叉起一塊食物，準備要吃，卻又在送到嘴裡的過程中跌落，其實是一件很折磨人的事。在你家寶寶能完全掌握餐具的使用方法之前，這件事他還會做上許多、許多次。忍住別去給他太多干擾或「幫助」──無論這件事對他似乎有多困難事──讓他以自己的方式研究，還是能學得快些的。寶寶的個性會決定他在多短的時間內會感到挫折，回頭改用手指來吃完這一餐。但如果他是很有耐心、個性又堅持的執拗型，吃一頓飯可能得花上不少時間。

> 「梅森肯定會花上一甲子的時間，非常努力的去嘗試使用他的餐具。他會嘗試用叉子去叉食物，而且常常不是叉給自己吃，是給我吃。他偶而也還是會放進自己的嘴裡，但他真的還在學習之中啊。有時候他會回頭用手，不過他對餐具的堅持讓人驚訝。」
>
> 喬，十六個月大梅森的媽媽

(小秘訣：學習使用餐具的好方法)

🌺 一開始，叉子比湯匙容易上手。

🌺 把裝好食物的湯匙給寶寶，可以幫助他學習湯匙的用法。

🌺 吃軟爛的食物時，鼓勵寶寶使用沾棒，這樣可以將用湯匙的
想法介紹給寶寶。

🌺 只要寶寶加入你們上桌吃飯，請幫他布置一個有湯匙、有叉
子的位置，這意味著，只要他做好準備，隨時可以使用這些
餐具。

🌺 當寶寶開始使用餐具時，你必須很有耐心，因為他的進展速
度可能會相當緩慢（如果你試著去教他或是鼓勵他，可能會
搞得兩人都挫敗連連）。

🌺 除非寶寶要求，否則最好不要去干擾他或是「幫助」他。

🌺 當個優良的行為典範很重要──如果寶寶看到你吃東西的時
候使用餐具，他也會更傾向於想用。

適合寶寶的餐具

玩餵來餵去的遊戲

學步階段的孩子天生就愛玩，喜歡分享和輪流。當他夠大以後，可能會想用湯匙餵你——或是要求你餵他。這不是退化的跡象，也不是他想念被湯匙餵養的時光——更不意味著，他一直都想要你餵他。這只是一個遊戲。

「雖然剛開始時吃得一塌糊塗，蘿西現在可是一個乾乾淨淨的小食客了。她坐得非常好，也真的了解吃飯時間是社交互動的場合。」

絲塔西，四個月大葛莉絲和十四個月大蘿西的媽媽

 ## 練習用杯子喝水

就算之前沒有，當寶寶開始吃固體食物時，可能會對杯子產生好奇。所以，當他開始跟你們一起吃飯後，開始用他自己的杯子給他水喝會是個好主意。

雖然訓練杯或是「鴨嘴」杯在你外出時可能很好用，因為可以減少噴灑出來的風險，但是當你們在家時，讓寶寶用真正的

杯子或是塑膠大肚杯練習會是個好主意。一開始他可能會弄得更亂，但是他會學得更快。

　　寶寶得研究出如何讓杯子傾斜某個足夠的角度，才能喝到飲料但又不會倒出太多，搞到自己一身溼答答。有傾斜度的彩虹學習杯（例如「Doidy cup」杯子）是專為正在學習如何傾斜杯子喝水的寶寶設計的，這類彎月造型設計杯所需的傾斜角度比標準的杯子小，寶寶較能看清杯子裡面有什麼，也知道杯子傾斜時，杯中發生了什麼。不過，你不必非得從斜杯開始，很多寶寶從一開始就使用標準形狀的杯子，還是處理得很好。

　　選杯子給寶寶時，杯子的「寬度」是很重要的考量點：對寶寶而言，寬緣的杯子就宛如成年人試圖從小桶子喝水——只要傾斜一點點角度，大部分的液體就會從兩頰邊流下來！小的茶杯或咖啡杯、小藥水量杯或是標準大小的杯子可能比較「適合」寶寶嘴巴的大小。

　　一開始時，寶寶常會發現，滿的杯子比半滿的杯子容易處理，因為不必太傾斜。如果你選擇小杯，也就是只需要少量的水就能裝滿的杯子，萬一灑出來了拖地的面積也比較小。

　　寶寶是透過探索和實驗來學習的。如果之前沒得到允許嘗試過，那麼當杯子傾斜時會發生什麼事，就不要預期他們會知道。他們也不知道，把水倒在桌上是會造成困擾的。讓寶寶在洗

手檯或浴缸裡面練習倒水的遊戲，可以讓他們知道杯子是怎麼作用的，這也意味著，他們在桌上實驗的機會就會減少。

對寶寶而言，找出什麼樣的東西可以放進杯子裡面也是探索的一部分，就和什麼可以從杯子裡面倒出來一樣。發現什麼東西能浮，什麼會沉，可能會讓他深深著迷。大人們或許不會喜歡自己的飲料嚐起來有豆芽或魚的味道，但是寶寶可不管這些（在寶寶喝飲料之前，先把他們手邊小塊的食物，像是豆子等先移開。這樣可以把噎到的風險降到最低）。當他們發現是怎麼回事後，以後就不需要做那麼多實驗了。

培養餐桌禮儀

許多家長（和祖父母）都擔心，被允許用手指頭去玩食物、餵自己吃的寶寶，是學不會餐桌禮儀的。不過，未證實的研究顯示，沒被允許拿食物實驗的寶寶長大後，在餐桌上的行為表現才是比較糟糕的。

早期自我餵食其實是為了探索和學習。寶寶在開始思考如何調整自己舉動，以符合家長對於「禮貌行為」的想法前，需要時間來學會最基本的技巧。他們需要多多參與全家人的用餐，這樣才有機會觀察別人的行為舉止。

你是孩子最重要的行為典範，所以必須以身作則。如果你帶他外出到餐廳用餐時，希望他舉止良好，那麼在家時就要先做好示範。即使是在家裡，某類食物你怎麼吃，最好有一貫的準則。吃三明治時用手抓，顯然沒什麼關係，但是吃洋芋片時，如果有時用刀叉，有時用手，那麼你就得預期孩子會出現一樣的行為——無論是哪一種。你無法預期七歲以下的孩子能了解在不一樣背景或場合下，有不一樣行的行為。

孩子行為良好時，不必誇獎他，行為不好，也不要責備他。小孩子天生有模仿他人，並做符合他人預期行為的欲望——如果你的孩子覺得他的好行為會讓你感到驚訝，那麼你到底預期他要怎麼做反而會讓他感到困惑。你只需要信任他、給他時間，做出良好的身教示範，那麼他的餐桌禮儀就不該會有問題。

(小秘訣：培養良好餐桌禮儀的方法)

❧ 只要時間可以，盡可能跟寶寶一起吃飯。

❧ 以身作則——而且要一致。

❧ 不要責備或讚美孩子——只要信任他會有好的行為舉止就好。

「卡蘿萊吃東西一直非常合群；她可以開開心心的跟我
們上餐廳，坐下來跟我們一起吃我們吃的任何東西。我還記
得她吃了鮟鱇魚和大蝦，那時她才剛過四歲。這種分享食物
的整體經驗對她來說，似乎相當重要。」

貝瑟妮，六歲大卡蘿萊以及二歲大丹尼爾的媽媽

 帶寶寶外出用餐

全家外出用餐是採用 BLW 時最大的樂趣之一。早期時，你
不必擔心一路得帶著預先準備好的食物泥，並很不好意思的請服
務生幫你拿大碗和熱水加熱──也不用在餵寶寶時，看著你自己
的食物變冷。大部分的餐廳都會有寶寶可以吃的菜色，不過，一
開始，讓他和你一起吃或許會簡單一點。

如果你開口要求，許多咖啡館和餐廳都會以成人的菜色，
提供兒童分量的餐食（或是開胃菜大小的分量）。另一個替代方
式則是請餐廳多給一個盤子（或是你自己帶），讓你可以和寶寶
共享主食。許多菜色都很適合親子共食──從加了乳酪的帶皮馬
鈴薯，到大部分的精緻菜餚──特別是寶寶在經過最初幾個月的
固體食物期練習之後。他能吃什麼，你很快就會感覺到。

多點一些開胃菜分量的主食讓你們全部的人一起分享，對寶寶來說會非常有趣，這樣他就有機會嘗試很多不同的新口味。土耳其小菜（Turkish mezze，口袋夾餅、鷹嘴豆泥、醃製的青椒等等）以及西班牙小吃，通常都能簡單的用手拿起來吃，也很適合分享。披薩和麵條也是容易分享的食物，大部分的孩子都愛吃。讓孩子從其他人的食物中選擇他想吃的食物來吃，可能比幫他決定要點什麼來吃容易。

「我們的寶寶大約十個月大左右，我和一個朋友決定帶著他們外出吃中飯。我們點了很多開胃菜來分享，而這些菜孩子們都可以簡單的用手拿來吃，我們只要把食物放在桌上就好。結果實在太棒了，我們兩個人聊天，兩個孩子則自己用手抓著一塊一塊的食物來吃，自己找樂子。我們都很放鬆。」

香德兒，兩歲大愛比的媽媽

孩子長大以後，你就會發現，上餐廳時不必特別去點「兒童餐」，或是特意將餐廳的選擇範圍限定在提供「兒童友善」食物的地方。你家的孩子會習慣於正常、營養的家庭食物，而且只

要給他夠多不同的口味，他就會勇於嘗試。所以，你不必蓄意選擇有提供炸雞塊和洋芋片的餐廳，就因為「孩子只吃那些」。他們需要的是營養的大人食物，只是分量要少。能夠不讓孩子吃垃圾食品的時間，愈久愈好（在英國，兒童菜單是大約二十年前出現的，很多其他的國家都還不知道有這東西。在那些國家裡，孩子和父母吃相同的食物，只是分量少些）。

不是所有的餐廳都會好好的徹底清潔兒童餐椅，所以在把寶寶放進椅子前，或許可以帶些抗菌紙巾擦拭椅子，特別是在你家寶寶無法掌握從盤中取食物的技巧時。不過請注意，你要清理的不僅僅只有椅子上的托盤——上一位使用這張椅子的寶寶可能還把晚餐抹得到處是，那些地方極可能就是你家寶寶再抹上一層餐食的地方。有些家長出門時會帶著寶寶自己的拋棄式餐桌墊，這樣他們就能確定，他會從乾淨的表面上拿東西吃。

「寶寶小時候，我無論去那裡，都會帶上可拋式溼紙巾。你永遠不知道，什麼時候會用上。無論是擦黏答答的手指頭、髒兮兮的桌子或是髒了的小屁股。甚至到了現在，只要有東西灑出去，我們孩子總會期望我剛好有溼紙巾可以擦。」

黛安娜，十四歲阿比吉爾和十二歲貝瑟妮的媽媽

如果你時常外食，那麼買一張可以附在大部分餐桌上的寶寶攜帶式餐椅是個不錯的點子。有了這種椅子，那麼當餐廳兒童餐椅數量不足，寶寶必須跟其他人一起坐在桌邊時就好用了，他會因此產生參與感。學步時的幼兒可能喜歡跪在正常的椅子上，或使用加高座墊，而不是坐在兒童餐椅裡。只要你能確保他的安全，倒是沒理由不讓他以這種姿勢吃飯。

好好留在餐桌旁

　　在餐廳吃飯，決定讓孩子吃什麼相當簡單，但他一旦能自己好好走路，要讓他乖乖留在餐椅上就需要一些技巧。在餐廳或咖啡館用餐所需的時間比在家用餐時長得多，而且上菜之間的間隔時間可能也頗長。孩子很快就會感到無聊，特別是父母忙著聊天，注意力並非全放在他身上時。

　　學步中的孩子對周遭的環境，天生就好奇。你家孩子可能會覺得這個新環境很有吸引力，想要探索一番。你無法期待他會乖乖在位子上坐很久，無事可做，只等著餐食送上來，或是他自己把東西吃完。畢竟，在正常的情況下，你不會要他等上二十分鐘才吃得上食物，而這之間什麼都不允許他玩；而且你也別奢望他會了解出門吃飯的規矩和家裡的不同。帶他在餐廳周圍或外面

走一走會讓他覺得有趣——也比較不會在等餐食抗議連連，因為他的注意力可能會集中在他非常想好好探索時的某件事物上。

　　用孩子的角度，把出門吃飯這件事先想一想，應該就能幫助你避掉那些最常出現的問題了。

(小秘訣：讓用餐無壓力)

➛ 盡早幫孩子把餐食點好——如果他的餐點和前菜一起送來，那麼當主菜來的時候，他還可能開心的吃著。放輕鬆，讓他以自己的步調吃東西，不必管其他人吃的是哪一道菜。

➛ 晚些把孩子帶到他的座位去，最好在餐點快來時（或是已經來了、冷下來時）。在這之前，或許帶他出去散個步。

➛ 隨身帶一些小玩具、著色本和蠟筆，這樣就能讓他留在餐桌旁。

➛ 送來的食物要檢查，確定食物和裝食物碗盤都不會太熱——最好請服務生把他的餐食放在桌子中央，而不是他面前。這樣你才能在他伸手抓到東西前先檢查一下。

❧ 讓孩子自己吃——要抵抗誘惑，不要想著讓他多吃些，或是吃他不想吃的食物，無論這頓飯是花了多少錢。

❧ 把他的杯子帶著，這樣就不必擔心他得用餐廳的大玻璃杯喝東西了（或擔心他會不會把人家的杯子打破）。孩子如果會用吸管喝，那就方便了。大多數的寶寶在一歲左右就會了，前提是，他必須有機會去學習。

❧ 如果你家孩子喜歡用（或是玩）餐具，請把他自己的餐具組帶著。

❧ 如果你擔心把周圍搞得一團亂，請把自家的防污墊帶著，或是孩子一吃完，就把餐椅和地板上的食物渣撿起來。

243

「我們真的很喜歡外出用餐，布藍登在餐廳吃得很好。我們會用很快的速度點餐，然後由其中一個人帶著他出去走一走，可能是沿著餐廳繞繞，或是順著餐廳所在的街道走。在食物上來之前，我們試著不讓他坐進兒童餐椅。在餐廳時，他不太容易對於玩具生出興趣，但是當食物出現在他眼前，他通常會乖乖的坐好。」

莫西妮，十七個月大布藍登的媽媽

讓寶寶自己拿取食物

在餐桌上，幼兒通常喜歡自己拿食物，把東西放在公盤上是幫助你抵抗幫他決定該放多少食物在他盤子上的最佳辦法。這樣大家也能多多聊天、分享，如果你已經為了食物跟孩子起衝突，這也是讓大家能再度好好享受用餐時光的好方法。

讓孩子自行拿食物可以幫助他判斷自己胃口的大小；當孩子被允許先事前大約粗估要吃多少時，大部分的孩子們在判斷上的準確度正確得令人吃驚。所以，與其直接把孩子的分量放入他盤中，讓他自己拿拿看。他可能需要你幫忙用一下公匙，但是讓他自行決定要吃什麼、吃多少（不過別忘了，他會模仿你的行為，所以拿鹽罐和辣椒醬的時候，請留意一下）。

就像讓有助於自行判斷胃口的大小一樣，讓他自己拿取食物也是訓練眼手協調度、肌肉控制能力、測量、判斷距離和分量上很寶貴的學習經驗，能為他帶來控制感與成就感，也會讓他覺得更獨立（其實也是如此）。

沙拉和其他冷盤都很適合用來開始。如果食物太燙，請注意別讓他燙到或燙傷，帶湯汁的食物，如湯品或是砂鍋菜尤其要注意。你不能在意他最初幾次製造出來的混亂——他練習的次數愈多，技巧就愈好。

「紗麗安想要加入一起做料理；她喜歡削皮、切東西，把東西放進鍋裡攪拌；她甚至還能擦桌子。她堅持要倒自己的醬汁，在我刷完鍋時，她喜歡再刷第二次。如果我們做了砂鍋燉菜，她會把裡面的食物挑出來，告訴我們東西好不好。她也會把櫛瓜塊拿著，問道：『這是櫛瓜嗎？』跟我們暗示，應該知道她不愛吃櫛瓜。」

安東尼，三歲大紗麗安的爸爸

小孩子通常都喜歡自己從櫥櫃或冰箱裡，拿點心出來吃。所以，把一小盤健康的小點心放在容器裡，讓孩子自己可以輕鬆打開，或是放在他能拿到的水果盆裡。如果你想讓孩子自己拿點心，就要教他坐下來，和你一起吃──邊跑邊玩邊吃容易噎到，而且絕對不能讓小孩在沒有監督的情況下吃東西。

> 「海莉如果肚子餓，就會去廚房指著冰箱，或是到水果
> 盆裡拿出一顆蘋果或其他什麼的——而不必等到中午用餐時
> 間。我們家裡不會準備不健康點心的——所以她想吃什麼都
> 可以。」
>
> 西琳娜，二歲大海莉的媽媽

　　學步期的幼兒常常會去注意在遊戲場上或是托兒所中其他
的孩子在吃什麼，然後也想吃相同的東西。這一點，就算是食物
不健康，你最好也別太大驚小怪；看起來怪形怪狀的餅乾不會造
成什麼傷害，而禁止孩子吃某種食物，只會讓他更加渴望該種食
物。如果你的孩子在家已經吃慣了健康的食物，那麼出門在外
時，也比較可能選擇健康的食物來吃。

> 「最近，莉西參加一個派對，她幫自己拿東西吃。她先
> 拿了一塊巧克力蛋糕，不過大部分都沒吃完。接著，她在自
> 己的碗裡裝滿了藍莓。吃完後，她又折回去拿——她根本沒
> 受到蛋糕餅乾的迷惑。」
>
> 哈蕊特，二十二個月大莉西的媽媽

用食物賄賂、獎勵和處罰？！

　　孩子大一點後，拿食物來獎勵他的良好行為、賄賂他去做不想做的事，或甚至，以不給他某些特定食物作為處罰的手段，可能都是父母會做出來的事情。不過，將食物與行為，而非胃口進行連結，會扭曲孩子對於食物的態度——長期來說，會成為他行為管理上的大災難。

　　拿來作為良好行為的回報看似相當無害，但請記住你（或家中其他成員）會拿來作為獎勵肯定不會是一盤蔬菜，或一條香蕉之類的——很可能是巧克力、餅乾或甜點。孩子很快就會把這些食物當做是特別渴望得到的東西，在他有好行為時就期待能獲得。這樣會產生三個潛在問題：孩子可能會開始把巧克力或是甜點當作比其他食物「更好」的東西、他會開始吃更多含糖食物，而且分量比你希望他吃的還多，而他也可能因為只想到吃到蛋糕才會有良好的行為表現。

　　使用食物作為賄賂或是處罰手段時也會出現類似的問題。當你講出這樣的話：「如果你把胡蘿蔔吃掉，我們就去遊戲場玩，」或是「如果你不把豆芽菜吃掉，就不能吃布丁。」你的孩子很快就會對蔬菜產生懷疑，而被說服和布丁相比，蔬菜肯定沒那麼好，又或是，吃蔬菜只是短暫的例行工作，是更好東西出現前的墊背。要孩子不能和大人一樣，選擇留點肚子來吃甜點，是

很沒道理的。如果你不想讓孩子對布丁的喜愛在香噴噴的食物之上，那麼餐點中最好不要把布丁納入。

賄賂、獎勵和處罰都會把食物和權力以及控制混淆；這些剛好跟 BLW 的理念相反，會干擾到孩子對於自己應該需要吃什麼的本能。以這種方式使用食物也無法長期奏效：孩子會很快的把這些好處看透，發現能重新獲得「對自己」控制權的方式。

「湯姆快四歲了，他有很多朋友有時還被父母親用湯匙餵食。這些家長還不得不做著孩子六個月大時，他們做過的事──哄著孩子，告訴孩子：『把青花菜吃完就可以吃甜食喔』這一類的事。

這件事如果用實事求是的方式來處理，不是簡單多了嗎：『吃晚餐囉。想吃什麼就吃什麼，不想吃的就不要吃。』」

菲爾，四歲大湯姆的爸爸

用食物來安撫的風險

　　孩子哭鬧或是難過時，給他們甜食來取悅他們可能很
有吸引力，不過，在現實生活中，這種甜食的功用就是賄
賂他們，讓他們不要再哭了。其實，孩子真正需要的是親
吻和擁抱。不斷用食物來安撫孩子會讓他們產生把兩者混
淆的風險──讓他們在長大成人後，遇到任何覺得不好的
事，就想找甜食來安撫。

 ## 別讓餐桌變成情緒戰場

　　家長和幼兒之間的用餐之爭，通常起因於對需求不同的認
定，家長所想與孩子所需的，或是孩子自認所需的與家長不同。
採用 BLW 時，只要家長持續信任自家孩子的胃口，這樣情況就
不應該發生。

　　孩子自身的求生本能很強烈，特別是與食物有關的事。他
們在「什麼時候」需要吃、「吃什麼」以及「吃多少」的感覺上，
極為可靠。有時候，當家長的很難相信，他們活動力旺盛的一歲
半孩子所需的食物量，居然跟他們在九個月大（或甚至更小時）
一樣──尤其時，他九個月大時，喝奶的分量甚還比現在多。不
過寶寶在人生的第一年中之所以需要特別多的熱量，是因為他們

實在長得太快了。雖說學步期的幼兒似乎一直在長個子，但其實成長速度和更小的時候相比並不一樣，所以未必需要更多食物。事實上，如果寶寶在二歲時吃得跟一歲時一樣多，絕對是個身材壯碩的孩子！

孩子現在吃什麼，你所擔的心不必要比他小時候更多。如果他長得健康又好，那麼他就是知道自己需要什麼。只要確定你給他的餐食既營養又均衡，而他也不會拿牛奶、果汁或不營養的點心把肚子塞飽就好（特別是，他已經能把需求講得比較清楚時）。這裡面最重要的是，用餐時間要保持輕鬆愉快的心情。家長和孩子之間很容易流於意氣之爭，但是爭戰的結果大多會變成，孩子吃下去的食物甚至比父母要他吃的更少。

（小秘訣：讓學步兒保持安全、輕鬆又愉快的用餐）

❥ 繼續相信你家孩子的胃口——肚子是他的，他知道自己需要什麼。

❥ 請提醒自己，他吃的食物量可能會比嬰兒時還少，那是因為他的生長速度減緩了。

❥ 確定他在正餐之間，肚子沒被牛奶、果汁或是沒營養的點心塞飽。

❥ 在餐桌上一起吃的時候，盡可能讓他自己取食。

❥ 如果你讓他自己拿點心吃，那麼要教他坐下來吃。

❥ 避免用食物做為獎勵、處罰或是賄賂的手段。

❥ 不要在太舒服的地方給他食物。

「佩姬剛兩歲，我媽就決定是時候該讓她停止『以自己的方式』吃東西了。如果佩姬晚餐盤上的食物沒吃完，她就會假裝自己要吃掉，然後跟她說：『這麼可愛好吃的東西，你不會想通通浪費掉，對嗎？』這個習慣是從她餵養自己孩子的時候養成的，其實本質是好的——她不是蓄意要騙佩姬。不過，如此一來，佩姬在餐桌上的表現開始變得有點難搞，她會做出把食物推開之類的事——但只在她外婆也在場的時候。」

丹妮爾，三歲大佩姬的媽媽

BLW 的故事

　　BLW 非常簡單。莉迪亞向來都開開心心的坐下來自己吃，她真的很喜歡吃飯時間。最近一個朋友請我幫忙用湯匙餵一個她幫忙看顧的小女孩。我做不到啊——即使多年前我也是用湯匙餵我大女兒的。在我以 BLW 用在莉迪亞身上時，用湯匙餵真的讓我覺得超不舒服。

　　那個寶寶一歲大，完全能夠自己進食——餵她吃看起來就是個錯誤的事，幾乎就像是強迫餵食。

　　信任寶寶，讓他們自己吃，感覺更自然得多。以這種方式餵養莉迪亞改變了我對未來幾年用餐時的所有想法。對我的大女兒喬，我好像一直在重複，「把你的晚飯吃掉」而她到現在都還記得。現在我覺得當時的我實在太苛刻了。採用 BLW 時，你是不能那樣做的。這是心態上的一大改變，我成長的過程一直被教導，碗盤裡面的東西要吃光光，什麼都不能留。

　　現在和莉迪亞一起吃飯時，我覺得放鬆好多，我想她整個童年期都會如此的，因為我已經接受她自己能判斷她有多餓、想吃什麼的想法。我可沒打算把用餐時間變成一場戰爭，這可是一件非常正面的事情。

　　露西，十六歲大喬以及十七個月大莉迪亞的媽媽

當媽媽重回職場

　　在你休完產假,要重回職場時,安排照顧寶寶的事,可能
相當有挑戰性。不過只要你事先規劃好,並確定幫你照顧孩子的
人,無論是親友、保母或是托兒所的人員,能了解 BLW 的觀念,
這樣他們就能安全的遵守 BLW 來行事了。

　　大部分托兒所的人員、保母和祖父母對於 BLW 都採取非常
開放的心態,特別是當他們看過實際付諸行動的方法之後。在見
過孫兒孫女自己吃東西後,當爺爺奶奶、外公外婆的,特別是一
開始抱持非常懷疑態度的祖父母都會說,很遺憾當初自己子女小
的時候,他們不知道有 BLW 這樣的方式。

　　不過,要幫你帶孩子的奶媽可能有多年以湯匙餵養寶寶固
體食物的經驗,可能會不理解你為什麼對他們用湯匙,也就是
「正常的」方式餵你家寶寶感到不高興。如果他們從沒看過六、
七個月大的寶寶自己吃東西,那麼她們會更害怕讓你的孩子擺弄
真正的食物。

> 「回顧過去，我認為 BLW 最大的受益者就是我的爸媽，他們在我工作時一直幫我照顧娜塔莉，那時候她還是個小嬰兒。我知道對他們來說，這意味著不必多製作出更多額外的食物，而不是只增加分量來多餵一張嘴。我想，他們看到事情變得如此簡單時，一定非常驚訝。」
>
> 茉莉，四歲大娜塔莉的媽媽

如果他們自己也有孩子，那麼就很值得提醒他們其實可以從寶寶六個月左右起，就給他們吃手抓食物，那個年紀的寶寶一般都能從一開始起就咀嚼食物。你做的事（也要求他們做），就是跳過食物泥階段。

> 「大家腦海裡對於開始吃固體食物的寶寶都有一幅畫面，對於很多人來說，那個畫面裡是一個靠坐著的十六週大寶寶。但是當你解釋你講的不是那個寶寶，而是年紀更大一點、上半身可以坐直，把東西撿起送進嘴裡咀嚼的寶寶時，對他們來說，才開始產生意義。」
>
> 凱蒂，五歲大山米和兩歲大艾維斯的媽媽

如果你在一開始採用 BLW 時，就放手讓其他人照顧寶寶，那麼一定要確定在這階段，照顧的人了解用餐時間是用來學習和遊戲的，在最初幾個禮拜，很少有寶寶會認真吃什麼的，把這一點說清楚很重要。他們可能會注意到，你的寶寶要花蠻長的時間去處理食物，不過如果你事先解釋過那是正常情況，他們就比較不會去介意了。

正在經歷壓力期的嬰幼兒，有時候較不願意去嘗試新食物，所以，在你重返職場後的幾個禮拜裡，你的寶寶可能只想吃熟悉的食物。他甚至可能對其他食物失去胃口，只想喝奶。但一旦習慣了新的日常規律，他就會恢復到平時的樣子。

一定要確定，**幫你照顧寶寶的人不會在他肚子餓、想喝奶的時候給他固體食物**，這一點非常重要。

應該給寶寶分量不多的數種食物，讓他自行決定想對食物做什麼。不必把食物塞進他手裡──也當然不應該把切成塊的食物放進他嘴裡。跟照顧的人說明，食物條或是切成手指大小的食物在一開始時，是寶寶最容易自己處理的（很多專業保母都認為應該把食物切成一口大小，因為他們就是幫使用餐具的學步期寶寶切成那種形狀的）。最好由你自己先幫寶寶準備一些食物──這樣保母就能看到何種形狀的食物適合寶寶，哪些食物是可以給他的。

> 「有時候，艾咪的保母會給她的食物切得太小了，艾咪拿不起來。這只是一種習慣。如果你和她一樣曾經以老式方法幫十個寶寶離乳，自然而然的就會以食物磨泥、壓碎、切成小塊的順序準備食物。對她來說，把食物切成那麼大一塊是個全新的思考方式。」
>
> 亞莉，二十一個月大艾咪的媽媽

一定要讓照顧的人知道，你想讓寶寶有時間好好花在食物上，你「真正的」意思是，你根本不在乎寶寶吃多少——大多數的祖父母、奶媽和保母都會覺得，如果在他們手中照顧的孩子沒吃到「他們」認為應該吃到的分量，就是沒有善盡最基本的職責。

> 「我接凱莉的時候，保母說了，『她有吃東西，不過大多是我餵的。她自己似乎不太感興趣。』我不斷的跟她說，『就算她什麼都不吃也沒關係的』。擔心小孩沒吃飽這件事真是個根深蒂固的觀念啊。」
>
> 瑪西，兩歲凱莉大的媽媽

如果能事先讓保母知道，寶寶吃東西時會把很多食物掉地上，這樣你們就可以一起商量要怎麼處理——無論是處理這一團混亂的條件、還是確定只有掉在乾淨表面的食物會交回給寶寶。

　　照顧寶寶的人必須了解什麼是發出嘔聲，並知道如何辨識（許多人會跟噎到搞混，以致產生不必要的驚慌）。一定要讓他們明白，為什麼讓寶寶坐直身體才吃、吃東西身邊一定得有人陪、以及把什麼食物送進嘴裡應該由寶寶自行決定這幾件事如此重要。身邊也一起照顧其他大一點孩子的保母更應該提高警覺，注意其他孩子可能把食物放進寶寶嘴裡的風險（所有照顧嬰幼兒的人都應該接受急救的基本訓練）。

當媽媽重回職場

　　無論是誰幫你照顧孩子，都會感激你發現並提供給他們的BLW 的訣竅。當寶寶的能力與味覺跟著發展時——即時更新訣竅也是很好的。要求他們要跟你做一樣的事。

重返職場後的母乳餵養

有些媽媽會把自己的奶水擠出來，這樣當他們在上班時，寶寶也能喝到母乳；而其他一些媽媽則覺得，孩子跟保母在一起時，用嬰兒配方奶來餵比較方便。你的決定可能得取決於幾個因素，像是你一天要跟寶寶分開幾個鐘頭、你的老闆和同事對這件事的支持度如何。許多媽媽都發現，早上和下班返家後的晚上親餵母乳是她們不得不整天離開後，再次與寶寶產生聯繫的好辦法。

請別忘記，你的寶寶還不滿一歲，還需要餵很多母乳。有些寶寶就算白天不喝奶，回到媽媽身邊喝也是很快樂的。許多媽媽對於寶寶的適應程度，以及在喝母乳時的彈性程度大感驚奇。

無論如何，如果你跟寶寶分開的時間長，而你又不想擠母乳留給他，或許提供嬰兒配方奶讓保母泡給他喝比較好，而不是突然讓他吃固體食物。

如果想多了解上班時親餵母乳的相關建議，可以聯絡你的生產醫院或是母乳志工專線。

> 「我會在工作時間擠母乳，所以能看到泌出的量減少，以非常緩慢的速度逐漸在幾個月內變少。到了奧莉維亞時十一個月大時，我一天大概只能分泌 60cc 左右的母乳。於是我認為自己可以停止擠奶了，她等我晚上回去補喝就好。她能接受——所以我們就維持這樣早晚餵奶的方式。」
>
> 花蕊達，兩歲大奧莉維亞的媽媽

　　雖然你可能整天在工作，不過你可能還是想找出時間，至少和寶寶一起用個餐。如果從採取 BLW 開始，你的寶寶就必須由他人照顧，而你卻不想錯過與他一起經歷早期飲食實驗的機會，那麼頭一週，你可以和他一起吃早、晚兩餐，白天其他的餐則讓他只喝母乳或配方奶，直到你認為照顧他的人已經做好準備，知道如何提供他食物了。幾個月之內，他都不需要一天吃三餐的，而且只要奶水沒停，也餓不著的。

　　有些家長可能會急著在返回工作崗位之前，讓孩子開始「吃固體食物」，所以趕著在不到六個月時就想讓孩子提早吃固體食物，或是用很快的速度幫他離乳。這不是個好主意——就算你跟著 BLW 的辦法在做，成功的機會也是很低的。如果你家孩子還沒做好開始吃固體食物的準備，他對食物就不會產生興趣，即使

你想辦法鼓勵他,他很可能還是不會喜歡這整個主意。如果事先給充裕的通知時間,很多雇主對於員工產後重回職場的日期,其實是相當有彈性的,所以,如果你真的很想在寶寶剛採取 BLW 的前幾週,陪他吃幾個禮拜的固體食物,或許可以比原先計畫的晚一、兩個禮拜回去上班。」(註:台灣的父母可申請育嬰假。)

如果你的保母不願意採用 BLW,那麼你可能得尋求折衷的方式。寶寶的適應性極佳,一開始他可能會發現,和不同的人在一起時事情不一樣,所以他會混淆,但寶寶也會很快學到,在不同人身上該有不同的期望。最重要的是,保母應該要尊重你的看法,容許寶寶自己「說」他飽了。如果保母經常要他在需求之外多吃,那麼他開始減奶的時間可能會變得太早,肚子餓時就得倚賴磨泥食物來止飢了。這樣一來,他在家吃 BLW 的餐食時,就可能會產生挫敗感。不過,話說回來,保母大概不到一、兩個月的時間,對你家寶寶自行擺弄食物一事大概就會產生信心了。

第 **7** 章

全家人的健康飲食

「BLW 提供了一個絕佳的機會來討論全家人的飲食。想確保寶寶能獲得最好飲食的心意，促使許多家長對自己的飲食進行了必要的改變。」

伊莉莎白，健康訪問員

「寶寶知道什麼時候他們吃的食物和你一樣，什麼時候又不一樣。你也非常清楚，他們知道這件事。所以如果你正在吃灑滿五彩糖珠子的冰淇淋，那麼寶寶也就會吃一樣的東西。這樣一來，你就會去好好去想想自己到底在吃什麼。」

瑪麗，二十三個月大艾莉絲的媽媽

健康飲食的重要性

吃正常的家庭食物以及吃飯時間讓寶寶一起參與是 BLW 的精髓所在，所以很多家長就利用寶寶開始吃固體食物的時間來確保全家人吃得好。讓寶寶習慣每天吃營養的家常菜就是提供他最好機會，讓他終其一生，在飲食上都能做出健康的選擇。

本章的目的不在於深入介紹與嬰兒營養相關的資訊，而是

本章的目的不在於深入介紹與嬰兒營養相關的資訊，而是要對全家人的飲食健康進行基本的指導。寶寶藉由模仿來學習，所以如果家中每個人都吃著優質的飲食，那麼他也會想要做一樣的事。寶寶會學會期待哪些食物，完全取決於你──他還不到會受廣告或朋友影響去吃壞食物的年紀，也還太小，無法自己上街去購物！

但努力擁有一個健康的飲食並不是意味著擔心寶寶的營養，或是試圖去控制他吃什麼。只要你提供給寶寶的飲食是均衡的，那麼你就可以讓寶寶自己在有需要的時候自行拿取所需。請記住，在剛開始固體食物的頭幾個月，他的營養很少來自於自家的家常飲食──母乳或是嬰兒配方奶會供應幾乎所需的全部營養。他還在學習與口味、口感以及處理食物時相關的種種。不過，提供他健康而多樣化的食物很重要，這樣當他「真正」需要額外的營養時，伸手就能取得。

當寶寶年齡漸長，你會發現他可能會經歷一種只要某種特定食物，其他什麼都不要的階段，就算你每天給他非常均衡的餐食還是一樣。舉例來説，他可能會有幾天「狂吃」碳水化合物，或是有一天，除了香蕉，什麼也不吃。無論他對食物的選擇有多偏頗，這種行為對嬰幼兒來説都再正常不過了。所以不必太過憂心他每一頓主餐或是點心吃什麼，只要你每天都從每一種食物大類中「提供」一些食物給他。

健康飲食的重要性

助你提供適合各個年齡層的健康餐食。無論如何,當你在準備寶寶可能會一起分享的食物時,有兩點是你必須放在心上的:

❧ 和成人相比,寶寶所需的脂肪較多,纖維質較少。

❧ 有些食物是不應該讓寶寶吃的 。

　　如果你覺得你家的餐飲可能缺少某些特定的營養素,檢查一下第 284 和 285 頁上的表格,看看哪些常見食物中含有對寶寶特別重要的維生素與礦物質。

BLW 的故事

　　我和食物的關係很糟糕，所以不想我的女兒愛莉諾重蹈覆轍。因此，我希望，她從一開始吃東西起就能自己掌控，那麼晚餐的餐桌就不會變成她的戰場，一如當初的我。

　　當時搖搖學步的我必須一直坐在餐桌上，直到把食物全都吃完。我常常嘔出聲音，把食物反吐出來。但，那是一場權力的鬥爭，我總是贏的一方，因為沒有人可以真的強迫你去吃東西。甚至到現在，我都還吃得「像個孩子」，對很多種味道和口感的食物發出作嘔的聲音。

　　老實說，在愛莉諾六個月大時，一想到要幫她料理（並且品嘗）那些味道聞起來很恐怖的磨泥食物時，我恨不得讓她直接吃固體食物。如果這種食物我都不想吃，那麼到底為什麼要讓她吃呢？我的健康訪問員真是太棒了——當我提到 BLW 時，她真的很開心。隨後我才知道，原來多年前，她在自己小孩的身上也採用了類似的方法。

　　現在我在吃東西上必須做個良好的行為典範，這的確強迫我不得不去吃得比從前好。我向來只吃圓箍形義大利麵那樣的東西，但是我希望愛莉諾能看到我吃健康的食物。現在我家冰箱裡的健康食物變多了，這對我們的餐飲真的產生了正面的影響。

　　賈姬，七個月大愛莉諾的媽媽

飲食均衡的健康知識

你如何確定家人的飲食是健康又均衡的呢？回答這問題似乎不如初次看到時那麼困難。世界上各種文化中的傳統餐食大多是相當均衡的，而以新鮮食物與大量蔬菜水果為基礎做出來的各式餐食幾乎可以確定，能夠提供寶寶和你們其他家人所需的基本營養。不過，當你們把速食、熟食和加工點心納入餐飲中之後，平衡就會輕易被打破，偏向擁有過多的飽和性脂肪、鹽與糖，而維生素與礦物質不足的情況。像這樣的飲食會在之後的人生中與心臟疾病、糖尿病、癌症的發生產生關聯，而鹹的食物對寶寶來說更是特別危險。

均衡的飲食就是擁有健康所需的全部營養成分，而這些飲食是建構在以適當比例調配的主要食物群的。水果、蔬菜、穀物和碳水化合物應該是日常餐食的主幹，外加少量含豐富蛋白質與鈣質的食物，以及一點健康的脂肪或油。以下是成年人與較大兒童每日應設定均衡攝取的粗略食物分量（一分大約是每個人一隻手打開能握住的分量）。

> **蔬菜和水果**：五分、三分蔬菜、兩分水果就很理想

> **穀物和含澱粉的蔬菜（米飯、馬鈴薯、麵條、麵包等等）：**
> 兩到三分

- 肉類、魚類、以及其他含豐富蛋白質的食物，例如扁豆：一分

- 乳酪、牛奶、優格和其他含豐富鈣質的食物，像是鷹嘴豆及骨頭細小的魚（如沙丁魚）：一分

- 健康的脂肪（例如橄欖油、堅果和種籽榨的油）：四分之一分

　　雖說寶寶的餐食中，蛋白質和脂肪的比例要比成人高，而一到三歲幼兒的碳水化合物食量通常比較大，但寶寶吃的分量還是以他手大小的分量為準，記住這一點很有用。這個分量比大多數預期的寶寶食量都小。請別忘記，一歲之前，都不必期待寶寶會從固體食物之中取得他所需的全部營養，所以這個「一手之量」的規則也就是從到那時候起才適用。

　　「對於我合作過的一些家庭來說，採取 BLW 的連鎖反應就是他們家中的飲食真的開始改善了，這是幫寶寶準備新鮮營養的食物、學習新的料理方式，對家人的健康培養出興趣產生的結果。」

茉莉，公共健康營養師

給寶寶多樣化的飲食

在留心食物是否均衡的同時，確定給寶寶「多樣化」的飲食，或許是你能幫寶寶做到、能夠確保他擁有良好營養最重要的事情之一。多樣化的飲食能把所有不同食物群的食物都納入，提供寶寶許多不同的維生素與礦物質。而種類選擇有限的餐飲，無論有多健康，也會限制了寶寶取得所需各種營養的機會。讓寶寶接觸範圍寬廣的食物也是給寶寶一個好機會，讓他得以體驗食物各種不同的口味、氣味以及口感，這樣年紀漸長後，對於新的食物將會抱持較為開放的心態。

所以如果你每週的購物單內容都是大同小異，那麼開始把一些新的食物放進去肯定是個好主意。寫寫看你對食物是否已經養出了慣性——很多人早餐都吃著一成不變的東西，又或是每週的菜色就只有少數的幾種。這樣的餐食未必不健康，只是給寶寶的選擇種類就沒多少了。如果「你」喜歡的食物他都不愛，那麼他長大後，對食物的選擇也就有限得可憐。

想確定食物的多樣性，可以試試以下的訣竅：

(蔬菜水果)

❥ 設定目標，盡量多多選擇本體顏色不同的蔬菜水果：紅色、

黃色、綠色、橘色以及紫色——每一種顏色所含的營養成分都
不同。

❧ 試著購買一些你通常不會買的蔬菜水果。

❧ 想想看要如何使用新鮮的香草，例如巴西利、香菜、羅勒或
九層塔——這些裡面都含有許多不同的維生素與礦物質。

(穀物及澱粉（碳水化合物）)

❧ 如果你通常以馬鈴薯作為主要的碳水化合物來源，那麼有時
不妨吃米飯或是其他穀物（反之亦然）。

❧ 根莖類蔬菜，像是甘藷或是蕪菁，常常可以用來取代一般的
馬鈴薯使用。

❧ 小米、布格麥（bulgarwheat）、古斯米（ 或稱非洲小米、庫
斯庫斯 couscous ）、藜麥（quinoa ）都可以用來取代許多菜
餚裡面的用米，而且，愈來愈多超市也開始進貨販售了。

❧ 要勇於嘗試！平常的早餐麥片可以用米煮粥，或是其他穀物
製作的麥片粥。

給寶寶多樣化的飲食

❥ 蕎麥或斯佩爾特麵粉都可以用來取代一般的小麥麵粉作為烘焙或料理之用。

❥ 黑麥或是粗裸麥麵包，或是其他非小麥製成的麵包，偶而都可以用來取代一般「正常」的麵包。

❥ 如果你平常吃的是由小麥製作而成的麵點或麵條，那麼為什麼不換一種不同的麥種，求個變化？

（含豐富蛋白質的食物）

❥ 並非肉的所有部位，所含的營養成分都一樣——舉例來說，雞腿和雞胸的營養成分就不同。

❥ 肝臟和其他內臟通常都含有豐富的營養（有機飼養的最好，因為所含的毒素較少）。

❥ 雞肉、牛肉、羊肉和豬肉都是很不錯的肉類，不過野味和家禽肉，像是鹿肉、鷓鴣肉、兔肉、鴨肉和鵝肉等等也很都很營養（雖然價位可能較高）。

➤ 豆類，像是豆子、扁豆、和豌豆，和動物性蛋白質所含的營
養成分不同，對非素食者也是很好的。可以把豆類加到砂鍋
燉菜或咖哩中試試。

含豐富鈣質的食物

➤ 你不必每天都吃乳製食品才能確保鈣質的攝取量，沙丁魚、
四破魚和鷹嘴豆也都是優良的鈣質來源。

➤ 大膽嘗試乳酪。以牛乳為底製作出來的乳酪種類很多，而且，
當然了，也有以羊奶、山羊奶和水牛奶製作出來的乳酪。

➤ 選購加強了鈣質添加的麵包。

健康的脂肪

➤ 新鮮壓碎的堅果和種子可以加到粥和麥片粥裡面。

➤ 亞麻籽油或胡桃油可以用在沙拉醬或義大利麵中。

避免垃圾食品

市售的預製食品含有高比例的糖、鹽分或飽和性脂肪（蛋糕、巧克力、餅乾、洋芋片、糕點和派），這些都不是絕對必要的，應該只能適量食用——一週最好不超過兩次。而含有高比例鹽、反式脂肪或是氫化脂肪的食物最好完全避免。

當然了，這並不代表你就一直「不該」給寶寶吃市售的蛋糕或是餅乾，但是別忘了，這些不是最好的食物，就營養上來說。你在家可以自製更營養的版本，像用香蕉來幫蛋糕或餅乾增加甜分，或是用糖量比食譜上建議的減少——而你的寶寶或小兒女將會很高興幫你一起製作。

採用 80 ／ 20 法則或許蠻實際的：如果你能確定寶寶的飲食中有百分之八十確定是很營養的，那麼冒著吃下「壞」食物的風險，也不會有什麼傷害。吃這些食物（特別是孩子看到別人吃）「或是」利用這些食物來當做好行為的回報或獎勵，會讓孩子更渴望這些食物。但如果你不是每天吃，那麼你的孩子也不會心懷期待。

素食者與純素食者

飲食中把某些特定食物排除會產生某些營養成分攝取過低的風險。素食者的飲食中鐵質和蛋白質含量可能會低些,而純素食者的飲食(完全不吃肉、魚、蛋或是奶製品)可能會缺乏維生素 B 群、鐵質、鋅、鈣質和某些胺基酸。計畫以純素食方式養大孩子的家長必須特別注意,才能確保孩子有充足的營養。

素食者可以從奶製品中獲得不少蛋白質,但是並不推薦每一餐都以乳酪為蛋白質的主要來源,因為乳酪中脂肪和鹽的含量相對較高。非動物性的蛋白質中很少會含有全部胺基酸的,但是把某些食物綜合起來,就能有補償的作用。

豆類,如豆子、扁豆和荷蘭豆,乾果如杏桃、無花果和黑棗以及綠色葉菜都是優良的鐵質來源。維生素 C 有助於鐵質的吸收,用餐時吃含豐富維生素 C 的蔬菜水果可以確保食物中的鐵質獲得最大程度的吸收。

以一個家庭為單位來看,如果你們的餐飲中有太多不吃的東西,那麼你可能要跟營養師或營養專家好好討論一下,看要給寶寶提供什麼食物。他們會告訴你要如何組將健康的食物組合起來,也會告訴你是否需要補充營養品。

讓你買的食物發揮最佳效果

要讓食物便宜、在架上又能久放就意味著已開發國家大部分的食物中都含有化學藥劑：作物經常噴灑殺蟲劑或殺菌劑，而食品在加工時一般都會添加人工調味料、保存劑和色素。這些化學藥劑都有潛在性的害處，但這些藥劑混合起來對於嬰幼兒的影響，研究卻很少。不幸的是，以有機方式生產，並且不含化學藥劑的食物價格都偏高。但是，談到有機，你倒是未必得在「有或全無」之間做選擇。就算是你無法負擔（或是買不到）全有機的食物，你還是可以盡量挑選含最少討厭化學藥劑的食物來買，而且你有很多方式來確保你能從食物中獲得最多的營養，而不論食物是否是為有機：

❥ 如果經濟上能負擔的話，那就挑選有機食物，或許可以把孩子最常吃的食物排出優先順序（特別是非有機的肉類、蛋、根莖類蔬菜，以及小粒穀物，例如，小麥通常會比有機品種含有更高比例的化學物質）──有些有機食物，像是牛奶，有機牛奶比非有機牛奶貴不了多少。

❥ 檢查一下，看看你們當地的有機食物運送服務情形如何：直接訂購有機產品通常比在店裡買有機產品價格便宜──而且可能還讓你更省錢，因為你不會受到引誘去購買一些不必要的「額外」產品，就如果你在超市買的時候一樣。

❧ 購買本地種植、當令的蔬菜或水果——本地產的蔬果通常比進口的新鮮。進口的食品不僅儲藏的時間已經比較久，而且很可能都在尚未真正成熟前就採收，也就是維生素尚未完全製造出來之前。

❧ 如果你購買的是有機商品，蔬菜水果盡量連皮吃——很多營養成分就在皮下面（非有機的農產品的皮通常都比較容易含有殺蟲劑，所以你可能會想去皮）。

❧ 清洗所有非有機的水果和蔬菜（包括做沙拉的蔬菜），可以使用一點稀釋的醋水，或是市售的「蔬果清潔液」以去除上面的人工蠟和殺蟲劑。

❧ 蒸蔬菜比煮蔬菜流失的養分較少。

❧ 使用料理蔬菜時留下來的湯水來做醬汁，這樣裡面的營養成分才不會浪費。

❧ 蔬菜和水果盡量在要吃或料理之前再切；另一種替代選擇則是蓋起來，冰入冰箱（有些食物的維生素 C 在從表皮切的時候就已經流失了，特別是在室溫之下切時）。

❧ 食物煮好後儘快端上。

讓你買的食物發揮最佳效果

> 如果你需要新鮮蔬菜的替代品，請優先選擇冷凍蔬菜，然後才是罐頭或是乾燥蔬菜——因為裡面的維生素含量比較高。

> 如果你「一定」要買罐頭食品，請選購所泡湯汁是本身汁液、清水或是油的，不要選擇糖水或鹽水的。選擇烤豆子時，請找鹽和糖分較低的品牌。

> 盡可能不要吃速食熟食。

 ## 營養的基本知識

我們所有人都需要各種營養來讓身體保持健康。以下簡單介紹人類需要靠食物取得的各類主要營養成分。你寶寶所喝的奶水中含有他人生最初六個月中所需要的所有營養，而且比例適中。等到一歲左右，他就可以從其他食物中獲得所有營養了。

(維生素與礦物質)

身體要保持健康，就必須有維生素與礦物質。體內系統在運作時，大多需要有它們的存在，才能確保免疫系統的健康。蔬菜和水果可以提供許多我們所需的維生素與礦物質，但是其中有

一些，從穀物和動物性產品中，比較容易取得。

（碳水化合物）

　　碳水化合物主要是作為提供能量之用。出現的可消化形式有兩種：糖和澱粉。糖提供的是立即可用的「即戰力」，而澱粉則需慢慢分解，提供的是「緩慢釋放」的能量。水果是優良的天然糖分來源——對寶寶和成人來說都比添加到飲料和甜點中的那種糖，也就是「空熱量」好太多了。大多數的食物至少都含有一些碳水化合物；全穀物和蔬菜，例如馬鈴薯，則是特別優質的加值版能量。

（蛋白質）

　　蛋白質主要是作為成長與修復身體組織之用。成年人身體中的肌肉與器官中含有大量的蛋白質，一旦有耗損，就需要補充修復。孩子需要的蛋白質比例比他們的父母親還高，因為他們的身體還在成長。

蛋白質是由一種組織塊體，稱之為胺基酸的所組成，但並非所有蛋白質食物都含有我們所需的胺基酸。一般來説，動物性蛋白質是「完整」的蛋白質，而來自豆類（如豆子和扁豆）的蛋白質、黴菌蛋白質（mycoproteins，如 Quorn，英國牌子的素肉）以及穀物（如米和小麥）都是「不完整」蛋白質。吃穀物加上豆類或是黴菌蛋白質（未必要同一餐）所提供的蛋白質就相當於完整蛋白質了。能提供全部所需胺基酸的非動物性蛋白質就只有黃豆（以人造素肉 TVP、天貝 tempeh、豆腐或是豆漿）以及藜麥（quinoa 是一種長於南美洲高地穀類，外表與古斯米類似，有一種淡淡的堅果味道，是稻米極佳的替代品）了。

（脂肪）

腦和神經要健康運作就必須有脂肪，而脂肪也是極有用的能量來源。由於脂肪是濃縮的型態，所以需要量小。脂肪有兩種類型：飽和性脂肪與不飽和性脂肪。飽和性脂肪大多來自於動物，在室溫下通常會凝成固態狀（例如，奶油和豬油）。不飽和脂肪通常來自植物、堅果和種子，但是有油脂的魚肉中也含不飽和脂肪。不飽和脂肪酸一般對健康比較好，不過對小孩子來説倒是沒像對大人那麼糟。

寶寶的飲食中比大人更需要脂肪。對寶寶來說最佳的脂肪（對成人亦然）是必需脂肪酸（Omega 3 和 Omega 6）以及單元不飽和脂肪。Omega 3 對於腦部的發育特別好，魚油中有發現──但是最佳的來源卻是母乳！

（纖維質）

　　嚴格來說，纖維質算不上是一種營養成分，但是餐食中含有纖維質卻很重要，因為它提供了粗質纖維，可以避免便秘，確保腸道的健康。纖維質也能讓我們的飽足感維持得更久。纖維質有兩種：不可溶性與可溶性。不可溶性的纖維質在全麥產品（像是全麥麵包和麵條）中可以發現，麥糠中也有。可溶性纖維質則存在於燕麥、水果、豆子、扁豆、鷹嘴豆和糙米中。

　　雖說兩種纖維質對成人和較大兒童都好，但是食用太多不可溶性纖維質卻會刺激寶寶的消化道，而且當這種不可溶纖維質是在一種非常濃縮的形態下時（如在粗糠中），有可能會阻礙礦物質，例如鈣質和鐵質的吸收。纖維質非常高的食物，像是麥糠類的麥片，不能拿給幼小的孩子吃。

　　全麥食物含有許多纖維質，意思是，我們得吃很多才能從

其中獲得足夠的營養。寶寶小小的肚子裡哪有足夠的空間來做到這一點，所以如果這類食品吃太多，就有營養不良的風險。當你給寶寶全麥麵包或是麵條的時候，請務必確定你也提供了其他有營養的食物，這樣自然就能限制他吃下不可溶性纖維質的量了。

話說回來，寶寶的確需要許多可溶性纖維質，才能讓腸道系統保持健康、糞便量多──所以，寶寶飲食中的這類食物，像是燕麥、扁豆、糙米、豆子和水果倒是不必去限量。

讓孩子吃堅果時……

堅果非常營養，是很好的蛋白質與能量來源，因為其中含有高比例的脂肪。不過，堅果咬動與咀嚼不易，萬一卡在氣管也不像大多數其他的食物一樣會軟化或溶解。因此拿這類食物給年紀幼小的孩子吃，噎到的風險很高。

堅果，特別是花生，也非常容易導致過敏。如果你們有堅果過敏的家族史，那麼寶寶滿一歲，或甚至更大之前，最好都不要讓他吃。如果你們沒有堅果過敏的家族史，讓他吃一下堅果可能沒關係，只是必須磨細，或是以抹醬的方式。一般通常會建議，孩子三歲之前都不應該讓他吃整顆堅果。

（優質的營養來源）

　　第 284 ～ 285 頁上的表格列出了對寶寶特別重要的常見營養成分來源。每天每一種營養素都吃一些，就很容易做到飲食的健康與均衡。營養素在某種食物中的含量如果較多的，我們在表格中打的記號數量就愈多。沒有記號表示該食物可能還是含有一些該營養素的蹤影，只是量少到不足掛齒。

　　有些營養素（例如維生素 E 和硒）是很難避免的，所以我們在這個表中就不列了。不過，我們還是把維生素 A、B、C、D、鐵質（血液健康必備）以及鈣質（為了骨質健康）都特別提列出來了，因為有些飲食中缺乏這些營養素。鋅是一種重要的礦物質，但是很多飲食中含量都很低。由於它存在的食物來源與鐵質來源大多相同，所以我們就不另外提列了。

　　你將會看到，有許多單一食物就含有許多不同的營養素。所以，一道菜，像是烤鮭魚或是鯖魚加米飯、豆子和胡蘿蔔中，就可以同時提供了碳水化合物、蛋白質、鐵質、鈣質、健康的脂肪，以及許多的維生素和礦物質。而添加一塊水果作為甜點則更有錦上添花之妙。

你知道嗎？

- 橄欖油是很好的料理油——顏色愈深，對你的身體愈好。

- 雖說有油脂的魚是最營養的食物之一，但是現在的飲食指南卻建議女孩子，包括女嬰，每週最多不應攝取超過兩分有油脂的魚肉，因為擔心其中的低毒素對他們未來生育的孩子可能會造成傷害。男孩子每週可以吃四分。

- 新鮮鮪魚算是有油脂的魚肉，含有不少必需脂肪酸 Omega 3；罐頭裝的鮪魚含量就少了，因為裝罐的過程會讓比例降低。

- 鯊魚和旗魚污染程度很高（主要因為他們靠吃其他魚類為生），所以最好不要吃。

- 水果一整顆吃比光喝果汁對身體更好——不是因為其中的粗質纖維，而是這樣吃，可以吃進更多維生素 C。

- 酪梨含有許多健康的脂肪，所以吃起來比大部分水果有「飽足感」。

- 大豆中有高含量的鋁以及植物性雌激素，所以，大豆製品，像是豆漿和人造素肉（TVP）都不應該太常吃食（尤其是寶寶）。

- 動物肝臟是極佳的營養來源，尤其是鐵質，但一個禮拜不應該吃超過一、兩次，因為肝中的維生素 A 含量極高，量大的話會有毒。肝臟也是動物活著時處理所有廢棄物的器官，所以可能含有高濃度的化學物質與污染，雖說選擇有機飼養的可以將這些降到最低，但也別多吃。

- 就鐵質來源的優良性來說，菠菜不如木瓜，這讓我們很難相信！這是因為菠菜中也含有植物酸，會干擾鐵質的吸收。

- 茶葉裡面也含有植物酸，所以為什麼喝茶要跟吃飯分開，而小孩子也不建議喝茶 。

別讓餐桌變成情緒戰場

常見營養成份來源

營養→ 食物種類 ↓	維生素 A / β - 胡蘿蔔素	維生素 B 群
柑橘類，如橘子、葡萄柚、小蜜橘		
莓果類、黑加崙、奇異果		
杏桃、無花果、黑棗		
香蕉		○○
其他水果、椒類	○（橘色與黃色）	
綠色葉菜	○	
根莖類蔬菜，如胡蘿蔔、歐洲防風草	○（橘色與黃色）	
澱粉類蔬菜，如馬鈴薯、芋頭		○
豆類，如鷹嘴豆、烤豆子、豆子、扁豆		
黃豆及黃豆製品（包括植物性蛋白 TVP 和豆腐）		○○○
麥片 / 穀物（包括麵包和麵條），如小麥、古斯米、蕎麥、米、大麥、小米、藜麥 ** 、燕麥		○○○
紅肉，如牛肉、羊肉、豬肉		○○○
肝臟	○○○	○○○
白肉與禽肉，如雞肉、鴨		○○○
有油質的魚肉，如鯖魚、沙丁魚、鮭魚	○○○	○○
其他魚類，如鰈魚、鱈魚、比目魚	○	○○
蛋	○○○	○○○
牛奶、優格	○○	○
奶油、鮮奶油、乳瑪琳	○	○
乳酪	○○	○○
新鮮的堅果（細磨），如胡桃、杏仁、巴西胡桃（brazil）		
植物油、堅果油，及種籽油，如橄欖油、胡桃油、麻油		

* 這些是最健康的脂肪，適合全家食用；其他種類的脂肪對寶寶也不錯，因為那些脂肪是濃縮的能量來源，但家中其他人食物可能沒寶寶食用好，因為其中許多都容易引發心臟疾病。

維生素 C	維生素 D / 鈣質	鐵質	碳水化合物	蛋白質	脂肪 *	纖維質
○○○			○○			○○
○○○			○○			○○
○○		○○	○○			○○○
○○			○○○			○○○
○○			○○	○（酪梨）	○（酪梨）*	○○
○○	○	○○				○○
○			○○			○○
○			○○○			○
○		○○	○○	○○○（不完整）	○ *	○○
	○	○		○○○	○ *	○○
	○（全穀）		○○○	○○○（不完整）**		○○○ ***
		○○○		○○○	○○	
	○○	○○○		○○○		
		○○		○○○	○○	
○○○				○○○	○○ *	
○				○○○	○	
○○○		○		○○○	○	
	○○		○	○	○○	
	○○				○○○	
	○○○		○	○○	○○	
		○○	○○		○○ *	○
					○○○ *	

285

營養的基本知識

** 藜麥（Quinoa）被認為是完整蛋白質來源。
*** 全穀物和麥片（如全麥麵包、義大利麵和糙米）都含有大量的不溶性纖維，所以寶寶不應該每餐吃。

寶寶筆記

第8章

常見問題集錦

BLW 一旦開始採行後，你對寶寶如何處理食物就會產生各式各樣的問題和顧慮。本章的目的就是回答最常被問到的問題，從一開始採用 BLW 時的種種顧慮，到為什麼你家裡十個月大的那一位要把食物從他高高的嬰兒餐椅上扔下來，以及你可以採取的作法。當然了，每個寶寶都不一樣，所以雖然大部分的問題是以發生的年齡來排列的，但答案大多可以適用於採取 BLW 的任何一個階段。

BLW 和湯匙餵養法一起採用，會有壞處嗎？

　　大部分的寶寶都覺得自己吃比讓人餵好玩——他們喜歡幫自己做事，喜歡學習新的技巧。許多家長後來都轉向 BLW，因為他們的寶寶已經拒絕讓他們用湯匙餵了。

　　一定要說服寶寶接受用湯匙餵這個信念，裡面有個迷思。以下是很多人相信為什麼寶寶需要被人用湯匙餵的一些常見理由：

➤ 有錯誤的觀念，認為寶寶到了某個特定年紀時，就會「習慣湯匙」。

➤ 有錯誤的觀念，認為寶寶每天都得吃優格，而他們自己不會吃。

❦ 擔心如果寶寶自己吃流質的食物，會弄得到處一團髒亂。

❦ 擔心寶寶如果自己吃，會吃得不夠多，所以必須再「補上」
一點磨泥的食物才行。

　　有些家長想要寶寶能習慣被人用湯匙餵，這樣萬一他們要
自己餵時才好餵，而有些家長只是單純的想要在手抓食物之外，
還能保有匙餵的選擇。

　　無論如何，寶寶都有自己的主意！許多採用 BLW 的寶寶很
快就讓大家明白，他們不想讓別人餵。他們有各式各樣的辦法來
做到這件事——最常見的就是把湯匙從別人手裡拿過來。純母乳
哺餵的寶寶似乎更是如此，這些寶寶已經習慣自己控制食量了。
請別忘記，如果你有時候堅持用湯匙餵，而有時又讓他自己吃，
那麼他很可能會搞不清楚，你對他有多信任、他又被容許有多少
的獨立度。

　　如果你的寶寶的確可以接受湯匙，那麼湯匙餵養與自己吃
兩種方式並進也沒什麼害處。無論如何，如果你是因為 BLW 對
寶寶本身的好處而被吸引，那麼我們建議妳不要每餐都用湯匙
餵。這是因為，如果這麼一來，你的寶寶可能就無法獲得足夠多
種的食物口感，或是失去許多原本可以培養技巧的機會。你還可
能會受到誘惑，試圖去說服他比想吃的量多吃一些。湯匙餵養的

機會最好保留給一些特定的食物（舉例來說，優格或粥），或是偶而幫寶寶預先用湯匙裝好食物，讓他自己決定要不要吃 。

> 「我們外出時，我試著用湯匙餵山米吃東西，這樣比較不會弄髒，但是他可不高興了。他沒吵鬧，只是把食物吐出來，盯看著，然後撿起來，從自己手上湊過去吃。」
>
> 克麗兒，十個月大山米的媽媽

> 「當我們吃像粥那樣的食物時，我有時候會餵尼可拉斯——但只在他想要我餵時；我不會去強迫他。他不想吃的時候，我就停手。」
>
> 丹恩，三歲大威廉以及七個月大尼可拉斯的爸爸

我女兒九個月大，剛開始自己吃的時候，習慣把嘴裡塞滿東西。我很怕讓六個月大的兒子自己吃的時候，他也會做出一樣的事。

大一點的寶寶把自己嘴裡塞進太多東西，對於採取 BLW 的寶寶來說，問題似乎還比採用傳統方式吃固體食物的寶寶來得少。這可能是因為從一開始就被允許自己探索食物的孩子會學會不把嘴巴塞得太滿，他們已經透過嘔聲反應訓練過了，這個動作就是在寶寶還小的時候，就把舌頭伸到很前面。現在看來似乎是，被允許自己拿食物到嘴邊去的寶寶在學會以後，就比較不會、而不是比較會，把自己嘴巴塞進太多東西。

你能做的事

➤ 從寶寶六個月大起，就讓他拿食物試驗。

➤ 確定他有坐好。

➤ 他吃東西的時候，別讓他分神──請讓他專心吃。

➤ 如果他發出了嘔聲，不要驚慌──這個反應會幫助他學會，放進嘴裡的食物多少算是太多。

BLW 聽起來會浪費很多食物。我們家預算很緊，不能負擔把食物丟掉的費用。要怎樣才能避免造成太多浪費呢？

這是家長想到要採取 BLW 時,很常聽見的顧慮。不過,寶寶剛開始學吃固體食物時,一定會造成一些食物的浪費──就算是吃食物泥時也一樣──BLW 造成的浪費可能比用湯匙餵來得少,而且費用甚至還更低。這是因為:

- 採用 BLW 時,寶寶吃的東西和父母親大致相同;和花錢去大量購買市售的嬰兒食品相比,只是多採買一些蔬菜對於一整個禮拜的買菜錢來說,相差不了多少。

- 自己在家做食物泥可能造成很多浪費──許多食物都會殘留在篩子和果汁機或調理機裡。

- 無論你用什麼方式餵寶寶,有些食物終究會留在寶寶的餐椅子或地板上的;塊狀的食物還比黏糊糊的食物泥容易撿起來,交回給寶寶再重來一次。

- 一開始就採用 BLW 自己吃的寶寶,日後挑食的比例似乎比較低;挑食的人會浪費很多食物。

- 最後,如果你們家有養狗,狗食的分量可能還會減少呢;狗狗很快就學會,知道要跟在正在自己吃東西的寶寶周邊巡視。

以下是讓浪費減至最低的一些訣竅:

- 事先做好計畫，確定被丟掉或是掉落的食物會跌在乾淨的表面上，例如一張塑膠墊子上，這樣你就可以把食物交回給寶寶（或自己吃掉）了。

- 把菜色都做成寶寶可以一起分享的（只要你家的飲食健康，這一點應該變容易做到的）。

- 一次只給寶寶幾塊食物玩。如果你一次給太多，他可能會想要「清檯」，讓自己能專心。

- 在寶寶學習如何處理食物時，你自己要盡量放輕鬆，讓他有充裕的時間進行。當他的技巧變好之後，浪費的食物量很快就會變少。

- 要抵制鼓勵他「多吃」的誘惑。讓他吃得比所需多，意味著他留下的食物會變少，但是也會干擾到他對「飽」的感覺，導致他體重不必要的增加，這並不是真正減少浪費啊。

> 🔵 我的寶寶七個月大，我覺得自己並不知道他應該吃多少東西、也不知道我應該給他多少不同的東西吃。我不斷給他他喜歡吃的食物，就為了確定他有吃？

我的寶寶七個月大，我覺得自己並不知道他應該吃多少東西、也不知道我應該給他多少不同的東西吃。我不斷給他他喜歡吃的食物，就為了確定他有吃？

七個月大的健康寶寶，在母乳和嬰兒配方奶之外，不太需要多少食物；在這個年紀，固體食物是為了讓他探索、學習並練習技巧的。但是要讓許多父母放棄食物一定得進到孩子嘴裡的舊觀念很難，而去信任寶寶會吃他自己需要的食物，也很難。寶寶在固體食物上面，變化很大；七個月大時，很多寶寶都才剛開始學吃而已。

　　一開始，採取 BLW 的孩子食量常比他們父母期望的來得少——特別是和某些餵食物泥的寶寶能吃下的量相較之後。但是初期逐漸增加固體食物，並保持足夠的喝奶量遠比在短期間內催促著孩子增加固體食物量要好得多 。

　　所以沒必要把提供的食物侷限在寶寶喜歡的食物上，就只為了確定他有把東西吃下肚。七個月大時，寶寶都還是只在學習食物的好玩之處、吃起來好不好吃，所以最好給他機會好好去嘗試許多不同口味的食物（這樣也能把他能攝取到的營養範圍擴到最大——即使他沒吃多少）。給他機會練習處理不同形狀與材質的食物是很重要的，這比把他限制在能輕易處理的食物上好，這樣他進食的技巧才能培養出來。不過，他倒是不必每一餐都有很多不同種類的食物。事實上，如果一次把太多東西擺在他面前，他可能會有被淹沒的感覺 。

　　當寶寶把某種食物吐出來，或是給他食物時被拒絕，父母通常就會認為他們的寶寶不喜歡該種食物——但其實，也可能是

那天他剛好覺得不喜歡，或是不需要。嬰幼兒在口味上的多變是出了名的——他們可能某一天會狂吃某些東西，但是第二天卻不想碰。這種情況很正常。只要繼續提供「你」通常會吃的食物給他，並且確定種類的多樣化就好。也盡量別說哪些食物是他「最愛」的，或是哪些又是他不喜歡的。寶寶通常會按照父母親的期待做事，所以如果你不斷說他討厭某些食物，他最後可能就信了你！

如果你的寶寶喝的是嬰兒配方奶，在剛開始吃固體食物時要他接受許多新口味，進展會比較慢，因為直到目前為止，被餵食的奶水味道一直是一成不變的。雖然餵食嬰兒配方奶的寶寶在嘗試新食物起步較慢，但是給他們各種不同的食物還是很重要的，因為當他們準備好時，攝取的食物範圍就會廣泛。

最好的方式就是把你正在吃的東西，分一些給寶寶（只要食物營養就可以），這樣他才有被接受一起用餐的感覺，知道食物是安全的。接著，你便能兩手一攤、背往後一靠，讓他對食物為所欲為。如果他不想吃，那就不需要勉強去吃——沒必要去清冰箱，找尋可以他們的東西。

> 你能做的事

❥ 持續提供一般會在家庭菜單上出現的食物。

我的寶寶七個月大，我覺得自己並不知道他應該吃多少東西、也不知道我應該給他多少不同的東西吃。我不斷給他他喜歡吃的食物，就為了確定他有吃？

❧ 請記住，所餵的奶水還是足以提供寶寶所需的營養。

❧ 提供多種不同口感的食物。

❧ 提供多種不同形狀和材質的食物。

❧ 別在寶寶餐盤（或是嬰兒椅的托盤）上放太多東西。

❧ 盡可能吃和寶寶一樣的東西。

❧ 有心理準備，寶寶對食物的喜好與厭惡，天天不同、週週有異。

❧ 如果他不想吃了，請相信他。

大家都不斷問我他現在吃多少，我卻無法告知真正的分量，因為食物灑得到處都是？！

健康專業人員、親戚朋友都愛問，「他現在吃多少？」而他們預期家長會說出，「三湯匙，一天兩次」，或是「兩罐整整，一天三次」。但是 BLW 跟種類變化、口味、口感、和學習有關，跟大多數從湯匙餵養經驗熟悉的食量與數量不同。

常見問題集錦

296

當寶寶開始自己吃東西時，一開始要判斷他們吃了多少非常困難。當寶寶把食物灑得高椅托盤四周都是、屁股下壓了一些、地上掉了好幾塊，那麼要算出已經多少下肚，實在是一個挑戰。而且，我們一開始給寶寶食物條來握時，並不以茶匙來計算量。這些情形我們雖然都明白，不過心裡卻還是想知道寶寶吃了「多少」。

大多數人對於寶寶「應該」吃多少的想法是不實際的。這個想法來自一個老觀念：每個媽媽都想養出最漂亮的（也就是最胖的）寶寶。「白白胖胖」就等於「健康」，體重大大增加是努力要達到的目標。所以寶寶吃愈多愈好。

我們對於食量的想法還是以磨泥食物為準的。但是要把食物磨成泥狀，通常要加水，濃稠度才會適中，所以看起很多的食物其實內容物可能沒多少。請別忘記，用湯匙餵的寶寶雖然可能吃掉一整罐食物，但是他身上可能也沾上了不少。

其實不用去管孩子吃多少，只要他健康、有許多機會能根據需要去攝取所需的分量，奶水也是依照他需要讓他能喝足就好。

你能做的事

❧ 不要被寶寶吃了多少所左右，盡量不要有壓力。只要提供給

大家都不斷問我他現在吃多少，我卻無法告知真正的分量，因為食物灑得到處都是？！

寶寶的營養食物種類豐富,而且他仍然有很多母乳或嬰兒配方奶喝,那就沒關係了。

🍂 當別人問起「他吃多少」時,把他試過所有的不同食物都列出來,聊一聊他吃東西時有多開心,不要被拉進評估食量的陷阱裡。

> 「我祖母有一天問我理歐現在吃多少,我回答:『噢,一大堆!胡蘿蔔、青花菜、雞肉、香蕉、酪梨、豆子、吐司麵包、橄欖、乳酪——什麼都吃。』她就不知道該說什麼了!」
>
> 克麗兒,八個月大理歐的媽媽

我家寶寶八個月大,我們的 BLW 進行得非常順利。唯一個問題就是他體重增加的速度緩下來了。這是發生了什麼事?

寶寶的成長速度變化差異頗鉅——不僅僅是寶寶和寶寶之間差異很大,就是每個寶寶自己也是時快時慢。不過,很多採用

BLW 的家長都回報，寶寶在大約八個月左右會有一段體重緩增期。時間點似乎剛好落在寶寶正要開始大量攝取食物、體重速度再次飆升之前。

醫師使用的生長曲線表顯示在不同年紀，體重範圍的正常值；每次寶寶量體重時會畫下一個點，連起來就會連成一條線。不過很少有寶寶的體重是每週都穩定增加的，他們的體重會有突然激增的傾向，線條很有可能是分段或持平，在幾個禮拜之間什麼也沒發生的。這是正常現象（也是六到八個禮拜以上的寶寶，每個月量一次以上體重其實沒什麼幫助的好理由）。表上面的曲線（或百分比）是幫助健康專業人員找出真正應該成長卻未成長孩子的一種概括性指南；而不是代表所有的寶寶都會依循著一條線的方式成長。無論如何，如果你的寶寶看起來很好，但是體重卻好幾個禮拜不增加，和兒科醫師談談也是挺合理的事，或許還能請醫師幫寶寶檢查一下——只為了確定一下他的確沒事。

一般來說，以母乳哺育的寶寶有類似的成長模式：最初三個月成長迅速，然後慢下來，直到六個月左右。這樣的情況會持續到大約九個月大，這也是是他們開始定下來，更穩定成長的時間點。餵嬰兒配方奶的寶寶則傾向於先慢長，之後加快（不過，現在卻認為，他們應該也和與喝餵母乳的寶寶擁有一樣的成長模式較為理想）。

我家寶寶八個月大，我們的寶寶主導式離乳法進行得非常順利，唯一個問題就是他體重增加的速度緩下來了。這是發生了什麼事？

並非「所有」體重增加的情況，對於嬰幼兒來說都是好事情。的確，體重增加太多對於健康的傷害程度至少就和不當增加一樣——無論是在兒童期或是後來的人生之中。如果你的寶寶到現在的成長速度都在均值以上，那麼一段緩長期或許正是他所需要的，可以作為平衡之用。

　　請記住，就算你的寶寶體重增加得很少，他還是繼續在成長（長高）並發育。當寶寶把東西吃喝進肚，他們獲得的養分和熱量首先會去確保腦部和其他器官可以運作並成長，之後才是提供能量到四周。

　　所有多出來的熱量都會被儲存起來，成為額外的體重。所以如果寶寶的體重沒什麼增加，可能是食物剛好足夠他維持健康與成長之用，但是多出來的很少。體重沒什麼增加並不代表他餓肚子了。

你能做的事

❧ 觀察寶寶的整體情況。如果他看起來好像很健康，也有活力，那可能就沒什麼好擔心的。

❧ 要檢視寶寶體重增加的整體模式，而不要只看最近幾週：體重如果真的減輕倒是值得關切，但如果只是單純的短暫緩長，其實沒什麼特別的意義。

❧ 擔心的話，請和你的兒科醫師討論。

我八個月大的寶寶便便時通常會很使勁——這是為什麼？又有時寶寶的便便很稀，是正常的嗎？

　　寶寶在便便時通常會表現得很誇張，就算便便本身很軟也一樣。原因是什麼不清楚，但似乎和他們吃什麼、怎麼吃的沒什麼關係。有一種理論認為，當寶寶發現他可以真正控制過程時，就會開始使勁——這樣他在排出來時，甚至還能得到一些樂趣！無論事實如何，似乎大多數的寶寶在某段時間裡都會這麼做。

　　話說回來，如果你家寶寶的便便真的很硬，那代表他飲食中的水分不夠。如果他是喝母乳的，這樣的便秘情況應該是極少發生的，特別是如果他喝的全部都是母乳的話，因為母乳中含有天然的順暢效果，可以讓所有東西以穩定的速度移動。如果你餵的是嬰兒配方奶，那麼你可能得多餵寶寶喝一點水。不過，硬便偶而也可能是某種潛在疾病的癥狀，所以如果情況持續如此，請寶寶的兒科醫師檢查一下也沒什麼壞處。

你能做的事

❧ 增加餵母乳的次數，如果寶寶喝的是嬰兒配方奶，給他喝點水。

❧ 如果寶寶持續有硬便的情形，請醫師幫他檢查。

　　又有時寶寶的便便非常稀。這樣正常嗎？無論是不是採用 BLW，在離乳期，寶寶的糞便非常鬆軟或很稀是很常見的事。這只是寶寶的消化系統正在適應其他食物的現象；時間過後就會變硬些。如果你的寶寶是餵母乳的，他的便便可能一直都很軟，而且好幾個月來都這樣，只喝母乳的孩子尤其如此。

　　當寶寶的便便比正常更稀時，他們通常是想喝很多的奶。如果你是餵母乳，那就表示，只要他想喝，請繼續隨時餵他。如果你是餵嬰兒配方奶，請更常給寶寶喝些水——如果他拒絕也別擔心；那只是他們說「不了，謝謝。我很好」的方式。

　　有時候便便太稀是寶寶無法消化某種食物，或是受到感染的徵兆。如果寶寶精神不濟，或似乎出現任何不太好的情形，你應該帶他去看醫師。糞便稀本身是正常的，但是如果伴隨其他徵兆，像是嘔吐、無精打采、或是體重減輕，那就不正常了。

> 你能做的事

❧ 更常給寶寶餵母乳，喝嬰兒配方奶的寶寶要多給他喝些水。

❧ 用寶寶滋潤霜來避免尿布疹，尿布一髒趕快幫他換（便便太稀會讓寶寶屁股紅腫）。

➡ 多多留意寶寶是否有生病的徵兆，如果你覺得他可能身體不
　　適，請帶他去看醫生。

我家寶寶大概兩天都似乎沒吃什麼東西。我應該怎麼辦？

　　如果你的寶寶只是兩天沒吃固體食物，那可能沒什麼好擔
心。寶寶連續幾餐吃得少不是什麼太罕見的狀況——接下來他可
能在後面一天就把眼前看得到的東西全都吃下肚子。有時候，幾
天不吃，就是單純因為長牙的原因而已：長牙讓他吃固體食物時
會痛，所以他需要母乳或奶瓶的慰藉（母乳對於紓緩長牙的疼痛
特別好用）。

　　寶寶在感冒或有其他小疾病時，也可能吃得少、喝得多。
這很自然：消化食物需要耗費相當的能量，不吃東西讓寶寶可以
把所有能量都拿來對抗感染。感冒好了以後，一切就會恢復正
常。病情比較嚴重的寶寶可能會沒有胃口，但是你也會發現有其
他徵兆，所以如果寶寶沒有胃口，「而且」變得很蒼白、無精打
采、常哭鬧、或是出現其他病徵，你就應該帶他去看醫生。

　　情緒的問題有時也會讓寶寶不吃——當媽媽放完產假，回去
上班時，寶寶可能會有一、兩天不吃固體食物，換奶媽、保母或
照顧者的時候也會。有時候，父母關係上的壓力，或是巨大的改

變，例如搬家（或甚至去度假）都可能會影響寶寶的胃口。不過，也有些寶寶就是會經常一至兩天不吃東西（然後連著好幾天大吃），沒有特別理由。

有些寶寶在吃得少的時候會想多喝奶，但有些寶寶似乎就是比較不容易餓。會要求要多喝奶的寶寶可能是「突然嗜奶」的狀況發作，或僅僅想尋求慰藉罷了。這些都很正常。不要因為這些事情憂心忡忡：用餐時間家長如果有壓力，寶寶一定也會有壓力，這是幾乎可以確定的事，這樣一來，單純的胃口不佳就可能上演一齣意氣之爭。一頓有壓力的餐食對大家來說都不好玩——對寶寶的胃口當然也沒幫助！

不要試圖去哄勸或是強迫寶寶吃，這一點很重要。這樣可能只會讓他更困惑或更難過——也對食物生出不悅的態度。請記住，沒有哪個嬰幼兒會故意讓自己餓肚子的——只要提供營養的食物，他們就會依照自己的需求去吃。就算有幾天錯過沒吃，有需要的時候，他們自然會去補足。

你能做的事

- 給寶寶很多水分。如果你餵母乳，經常餵可能就夠了；如果你餵的是嬰兒配方奶，那麼嬰兒配方奶和水可能都要給。

- 用餐時間，繼續給他少量的營養食物。

❧ 一定不能在他盤子中放太多食物——有時候，寶寶會覺得快被食物淹沒時，乾脆就大手一揮，把一大堆食物全都推開。只要給他一點食物就好，讓他自己想要的時候再要求。

我九個月大的寶寶不喜歡在桌上吃東西，但超愛在地上撿食物渣來吃。這樣正常嗎？我應該勸阻他嗎？

對寶寶來說，喜歡把食物撿起來吃的不算少見、也不能說這樣不正常，無論他們是從哪裡找到食物的；吃掉似乎是相當自然的事，這跟成年人吃自助餐或野餐也沒太大不同——寶寶之所以在地板上找食物，只是因為地板是他們爬來爬去的地方罷了。如果你家裡也有個學步兒，那麼你的寶寶幾乎無可避免的會在某個地方找到一顆咬了一半的蘋果或餅乾，而許多家長發現他們的寶寶因為發現了哥哥姐姐留下來的食物渣渣，早已「非正式」的開始吃起固體食物了。

透過到處搜尋探索食物可能是學習判斷哪些食物安全、哪些不安全的一個方法。不過，雖然有一派理論認為，不乾不淨吃了沒病，寶寶需要一點髒東西來幫助免疫系統的發育，但是放在外面一陣子的食物，尤其是丟在地上的，很可能會孳生細菌，進而引起嚴重的食物中毒，所以用這種方式吃東西不應該真去鼓勵。

雖說寶寶只是在探索，但也可能是他在用餐時間吃得不太開心。如果他不愛在桌上吃東西，理由可能就僅僅是覺得不舒服這麼簡單。許多嬰兒餐椅是為學步幼兒設計的，對寶寶來說太大了——托盤對他來說可能太高，或是他坐在裡面可能覺得被限制，或感到不安全。吃固體食物的最初幾個禮拜或幾個月，坐在爸媽腿上吃東西通常會讓他們快樂得多，他們也喜歡從別人的盤子裡拿食物。

你的寶寶有可能為其他原因而不愛吃飯的時期。如果你希望他長時間，乖乖地、安靜地坐在桌子邊自己吃，或是不讓他隨意去玩他的食物，那麼不愛吃飯很可能就是這個原因了——或許他已經發現，他不在餐桌上進食就可以用自己的速度、自己的方式去探索食物，而不會有人「幫助」了。有些寶寶吃每一口食物，都會被父母親（或其他人）緊緊盯著看，他覺得這種目光很有壓力，就可能會拒吃了。

在一張乾淨的毯子或墊子進行野餐——無論室內或是外都好——對於坐在桌邊的你們兩人來說，是個有趣的改變，這也是個能幫助寶寶重新發現用餐樂趣的好方法。

你能做的事

♪ 時間容許的話，盡量跟寶寶一起吃東西。

- 確定寶寶坐在桌邊時是舒服的。

- 容許他玩自己的食物、吃食物時弄得一團亂。

- 寶寶吃東西的時候，盡量別盯著他看。

- 當他對於吃失去興趣後，不要強迫他長時間坐在桌子旁。

- 要去確定地板四周的表面上沒有食物殘留。

- 嘗試帶他去野餐（室內或戶外皆可），把一起共餐的喜悅找回來。

我十個月大的寶寶對固體食物仍然興趣缺缺。這會是個問題嗎？

雖說很多寶寶在六個月大、被給予機會吃固體食物時，大多會對固體食物產生濃厚的興趣，但是也有不少寶寶到八、九個月，甚至更大時，對食物都還一副興趣缺缺的模樣。並不是所有的寶寶在一到那個年紀，就已經做好準備——這道理跟寶寶學走路一樣，不是所有寶寶到了一歲就會走路。

到了六個月大時，母乳和配方奶也不會在一夕之間就變成不適當的營養來源；寶寶所喝的奶水可以（也應該）提供他大部分的營養所需達數個月之久，只需在上面增加一點。重要的是，寶寶應該要有機會自己決定他還需要什麼。

非正式的證據顯示，寶寶家族之中若有過敏的家族史，那麼他們如果能自己選擇，常有偏遲才開始探索食物的傾向。這一點對於在寶寶幼小時降低過敏機率，可能非常重要。這樣的寶寶，幫他補充維生素 A、C 、 D 和鐵質特別有用。

極少數身體有狀況的寶寶（例如肌肉軟弱症、喉嚨異常）則不要讓他們培養自己進食的技巧。在少數罕見的例子中，有這種狀況的寶寶可能到六個月時都還沒人發現。在這樣的例子理，自我餵食技巧發展的緩慢程度可能是寶寶第一個被注意到的問題跡象。如果你對於寶寶一般的發育問題有所懷疑——例如，他似乎無法自己撿起玩具，拿到嘴邊——那麼最好帶他去醫生那裡進行檢查，這樣萬一他對食物明顯的興趣缺乏只是更嚴重問題中的一部分，也能儘早發現。

你能做的事

❥ 最好的方式就是你吃什麼，就給他吃什麼（只要你們食物是營養的），這樣他會有融入一起進餐的感覺，也知道食物是

安全的。之後，你可以讓他對食物為所欲為。如果他不想吃，那就不需要勉強他吃——你沒必要去冰箱找東西來吸引他吃。

♪ 要忍住誘惑，不要把寶寶說成「很不會吃東西」，或是他「胃口很糟糕」之類的。只要在他想要的時候餵他喝足夠的母乳或嬰兒配方奶，那他就能依照自己的需求去吃東西——沒有所謂很糟糕這件事！

　　用餐時間繼續讓他參與，就算他一副不感興趣的模樣，還是依然讓他去處理食物。這樣當他做好準備，就會多多少少多吃些東西了。

🎯 **我家寶寶七個月大了。我母親擔心他只顧著玩食物。這會是個問題嗎？**

　　相信寶寶有需要時，就會吃下需要的量，「並且」允許他擺弄——或是玩——他自己的食物，或許是 BLW 中最重要的兩點精髓所在。這卻也是採用 BLW 時，父母（或祖父母）最難調適的地方。代代以來，父母都被鼓勵要去確認孩子有把碗裡面的食物吃乾淨，而無論孩子想不想。確定寶寶的體重節節上升是他們的目標，而玩食物則被視為是浪費的行為，沒有禮貌又頑皮。

我們現在都知道，寶寶體重增加太多對他們是不好的，而他們在剛開始吃固體食物時，實際上需要吃得好。母乳和嬰兒配方奶提供了他們所需的養分和熱量；而食物則提供了重要的學習經驗，對於日後健康的飲食方式很有貢獻。

遊戲是寶寶學習事情運作方式，及培養新技巧的主要工具，所以多多提供他遊戲機會是很重要的。把食物擠壓、捏碎，掉到地上可以教導寶寶什麼是量、尺寸、形狀和材質──以及不同的食物種類，嘗起來的味道、和擺弄處理的方法。

寶寶年紀再大一點後，會吃得多一些，玩得少一些，但有時候還是需要去玩一玩他的食物。給寶寶自由，讓他依照自己的想法花時間在食物上，別催促他吃，確保他的技巧能以適合他的進度來發展。當他對食物的要求提高之後，自己餵食的技巧也提高了。許多採取 BLW 的家長回報，寶寶用手的技巧很好，也就是說，九個月大的寶寶用手的技巧比和他同齡，以及用湯匙餵大的哥哥姐姐在當初他這年齡更好。

在把食物放入嘴巴之前先抓玩一番也能幫助寶寶了解，當食物「在」口中時要怎麼處理，這樣一來，他處理不同質地食物的技巧也會比同儕要好。讓寶寶玩食物能讓他培養出更好的技巧，自己攝取更多種類的食物，並得到良好的營養。

有時候，年紀大一些的孩子也會玩自己的食物，這是因為他對該種特定的食物感到無聊了——他可能還在餓著，但想要（或需要）吃些不一樣的東西。要檢查是否如此，最簡單的方法就是給他不同的食物，或是撥一些你盤子上的東西給他。

要相信寶寶自己會吃飽可能有些困難，特別在一開始時，但許多父母親與祖父母之所以擔心，純粹是因為他們對於寶寶應該吃什麼的期望，不切實際——他們是根據含有大量水分的磨泥食物來制定的。

一般來說，只要你的寶寶能夠使用自己雙手來探索東西，而且你也給他許多機會抓玩及處理各式健康的食物，你就能放手讓他靠本能去攝取所需要的量。到他至少一歲之前，母乳或嬰兒配方奶還都會是他營養的主要支撐。如果他排便排尿正常、身體健康茁壯，那麼他就是吃得夠。

> 你能做的事

- 鼓勵令堂把她的顧慮說出來。

- 跟她表示，寶寶健康又快樂，鼓勵她從寶寶的觀點來看待事情。

我家寶寶７個月大了。我母親擔心他只顧著玩食物。這會是個問題嗎？

❦ 對於自己相信的事要有信心——時間會證明，你遵從 BLW 的直覺是對的——就在你家寶寶變成一個合群、能幹、熱誠的用餐夥伴，又「酷愛」外婆料理的時候！

> 「當你接受食物是他們娛樂的一環，而不是必經的混亂時，一切事情都變得快樂多了。」
>
> 喬安，二歲大凱特琳的媽媽

 ## 總結

我們希望你在閱讀本書時感到愉快，你和你寶寶的用餐時光也是健康又快樂的。

我們希望你已經能明白，為什麼 BLW 是介紹寶寶吃固體食物時一種非常符合邏輯的方式，這種方式又是如何完美的與寶寶技巧的自然發展，以及他們人生中第一年學習的其他事情相互配合的。BLW 對於雙親與幼兒之間再常見不過的各種食物之爭，有預防避免的輔助效果，對於營造愉快的全家用餐時間也頗有貢獻。簡單扼要的來說，它讓進食成為一種樂趣，進食本該就有的樂趣。

就自然的成長而言，BLW 極具意義。不僅僅因為兒童一般性的發展在自我餵食能力上扮演了重大的角色，而且透過在家庭用餐時間完整、主動參與中所學得的一切，都將會在他們未來人格與技巧發展的不同領域中，發揮潛在的貢獻。

愈來愈多的證據顯示，兒童在年幼時被餵食的方式會成為他們童年、甚至是成人期對食物感受的方式。肥胖症與飲食疾病幾乎每週都能在新聞中看到，而結果可能是嚴重又令人苦惱的。

這些問題，很多都源自於兩個重要問題中的一（或兩）個：胃口的認知與控制。而這兩件事的健康發展正是 BLW 的核心所在。

而現在，許多家長在餵養嬰兒上獲得的建議，都還是以三或四個月大孩子的能力為基礎提供的，這些建議都假設孩子需要別人用湯匙餵養。六個月大孩子主導固體食物、並能自我餵食這種與生俱來的能力，很少會被列入考慮。BLW 則把我們現在對於寶寶何時應該開始吃固體食物、以及我們在這個年紀孩子身上看見的能力，結合在一起。

我們希望本書確確實實的提供了很實用的方法，讓您知道該如何在孩子身上實行 BLW、如何讓這方法變得安全又享受，並且知道當孩子的技巧進步之後，該預期些什麼。

最後，我們想對提供第一手資料給我們，幫助我們寫成這本書的家長致上謝意。我們希望他們在分享寶寶發現食物時感受到的快樂與驚奇，也能鼓舞著各位，一如當初鼓舞了我們。正是他們的故事，在所有的一切之外，告訴了我們，BLW 法真的很有道理！

寶寶主導式離乳法的故事

　　雖說 BLW 的施行或許早已存在，但是理論以及操作的方式卻是由寶寶主導式離乳法的協力作者吉兒‧瑞普利開發出來的。身為一位有二十年以上經驗的健康訪問員，她遇過太多在餵養寶寶上碰到問題的家庭；很多寶寶都拒絕被人用湯匙餵養，或是只接受極為有限的幾種食物。有些家長甚至還得靠強迫餵食的手段，才能讓他們的寶寶吃東西。吃內含軟爛固形粥狀食物而發生嗆到或作嘔的情況比比皆是。所以用餐時間對於家長和寶寶來說，壓力非常的大。

　　吉兒懷疑，寶寶抗拒的是被對待的方式，而非食物本身。而最簡單的建議則是多觀望一陣（如果寶寶還不到六個月大）或是讓寶寶自己決定吃或不吃（如果寶寶年齡已經比較大了），這樣一來，無論是寶寶的行為或是家長壓力的程度，似乎都會產生極大的差異。而這一切差異都要歸因將控制權還給寶寶——只是，如此不禁讓人想問，「那麼一開始，為什麼要剝奪這一點呢？」

　　在寫碩士論文時，吉兒招募了一小群有四個月以上寶寶的家長（四個月是當時吃固體食物的最低建議年齡），請他們幫忙觀察，如果寶寶被賦予機會自己去碰觸、去進食，而不是被人用湯匙餵，那麼寶寶會怎麼做。這些寶寶從研究之初就全部餵母

乳，而且整個研究期間都持續餵母乳。研究在寶寶九個月大時結束。

家長被要求用餐時，寶寶要和他們坐在一起，而且要容許寶寶自己去擺弄並探索不一樣的食物，如果想吃的話就讓他吃。這些家長每隔兩個禮拜就做一支寶寶用餐行為的短片，並把寶寶對於食物的反應以及一般性的發育狀況寫在日誌裡。

這些影片和日誌顯示，四個月大的寶寶是無法拿起食物的，不過他們在那之後，很快就會開始伸出手去碰食物。他們一旦開始去抓食物（有的寶寶會比較早），就全送到嘴邊。有些寶寶早至五個月大，就會在食物上啃或是嚼了，但是他們不會把食物吞下肚。即使他們還不需要吃食物，但看起來都全心全意投入於自己的行為之中。

到了大約六個半月左右，幾乎所有的寶寶似乎都找到方式，知道如何把食物送進嘴巴裡了，在顯然是「練習」咀嚼的一、兩週之後，他們開始找出如何吞嚥的辦法。慢慢的，他們「玩」食物的情形減少了，吃的動作變得更有目的性。當他們的手眼協調度和精細動作的技巧發展出來後，就可以拿起愈來愈小的塊狀食物了。

到了九個月大時，所有的寶寶都吃起各類範圍廣泛的正常家庭食物了。大部分的寶寶都是用手吃，不過也有寶寶會開始使用湯匙或叉子了。他們的家長回報說他們在處理有軟爛固形的粥

狀食物時沒有困難，而且吃的時候幾乎不會嘔到。這些寶寶都願意去嘗試新的食物，而且他們似乎都很喜歡用餐時間。

就在吉兒進行研究的幾乎同一時間，許多研究紛紛出現並顯示，就理想的情況來說，嬰兒在六個月大之前，不應該吃除了母乳以外的東西，而這之後，他們則應該慢慢轉向混合式的飲食。吉兒的發現，以及許許多多支持這個發現的家長們的故事都顯示，正常健康的人類寶寶，就和各種哺乳動物的寶寶一樣，在適當的年紀，就會發展出自行餵食固體食物所需的技巧。

本章參考書目：
· G. Rapley (V. H. Moran and F. Dykes, eds.), Baby-led Weaning in Maternal and Infant Nutrition and Nurture: Controversies and Challenges 寶寶主導離乳法媽媽與寶寶的營養與營養供給：辯論與挑戰 (London, Quay Books,2006)
· G. Rapley, 'Can babies initiate and direct the weaning process?'（寶寶有能力開始並主導離乳過程嗎？）Unpublished MSc, Interprofessional Health and Community Studies 未發表之碩士論文，跨領域健康與社區研究 (Canterbury Christ Church University, Kent, 2003)

附錄2
食物安全的基本規則

　　食物中的細菌散播繁殖得很快，而寶寶因食物中毒導致生病的風險也比成人高。化學物質也可能進入食物之中，引起疾病。為了維持家人的安全，最好遵守下面這些簡單的規則：

1. 你與你家人的清潔

* **用肥皂洗手並徹底洗乾淨：**

　　在接觸食物之前

　　摸到垃圾桶後

　　處理生食和熟食之間

　　摸到你自己的臉或頭髮後

　　在處理清潔物品後

　　在摸了寵物、他們的床或食碗後

　　如廁之後

* **感冒或是腸胃不舒服時，特別要注意洗手的問題。**

* 給寶寶食物之前，先用溫和的肥皂幫他洗手，也鼓勵其他家人
  在坐下來吃飯之前先洗手。

2. 食器的清潔

* 在你準備食物之前與之後，以及用過生食之後，徹底清潔所
  有的表面和器具。

* 處理生食後的砧板和刀具都要徹底清潔。可能的話，準備兩
  個砧板，一個作為生食砧板，一個作為熟食砧板。

3. 食物的儲存

* 遵守食品包裝上對於儲存的說明。

* 食物包裝上寫有「xxx 日期前食用完畢」（相對於只有「最佳
  有效期」的標示），拿回家後就儘快放入冰箱。

* 冷藏或冷凍的食物用過後，儘快冰回冰箱或冷凍庫。

* 經常檢查所儲藏食物的日期，避免超過有效期。若使用「xxx

日期前食用完畢」日期相近的食物，都要先確定一下，看看
是不是已經壞掉了。

* 把所有生的，或是尚未烹煮的食物，尤其是魚和肉類都用保
  潔膜封好，放入冰箱深處，以免接觸到或掉到其他食物上。

* 熱食若不是要立刻食用，必須蓋好，迅速冷卻，變涼之後就
  放入冰箱。這一點對於肉類、魚類、蛋和米飯尤其重要，這
  些食物在室溫下都含有能迅速繁殖的細菌。(食物在量少、深
  盤之中比量大時冷得較快。飯用冷水沖冷得比較快。)

BLW 寶寶主導式離乳法〔基礎入門〕暢銷修訂版

順應寶寶天性的進食法，讓孩子自然學會吃！

作　　者／吉兒‧瑞普利（Gill Rapley）、崔西‧穆爾凱特（Tracey Murkett）
譯　　者／陳芳智
選　　書／林小鈴
特約編輯／蔡珮瑤
主　　編／陳雯琪

行銷經理／王維君
業務經理／羅越華
總 編 輯／林小鈴
發 行 人／何飛鵬
出　　版／新手父母出版
　　　　　城邦文化事業股份有限公司
　　　　　台北市中山區民生東路二段 141 號 8 樓
　　　　　電話：(02) 2500-7008　傳真：(02) 2502-7676
　　　　　E-mail：bwp.service@cite.com.tw
發　　行／英屬蓋曼群島商家庭傳媒股份有限公司城邦分公司
　　　　　台北市中山區民生東路二段 141 號 11 樓
　　　　　讀者服務專線：02-2500-7718；02-2500-7719
　　　　　24 小時傳真服務：02-2500-1900；02-2500-1991
　　　　　讀者服務信箱 E-mail：service@readingclub.com.tw
　　　　　劃撥帳號：19863813
　　　　　戶名：書虫股份有限公司

香港發行所／城邦（香港）出版集團有限公司
　　　　　香港灣仔駱克道 193 號東超商業中心 1F
　　　　　電話：(852) 2508-6231　傳真：(852) 2578-9337
　　　　　E-mail：hkcite@biznetvigator.com
馬新發行所／城邦（馬新）出版集團 Cite(M) Sdn. Bhd. (458372 U)
　　　　　11, Jalan 30D/146, Desa Tasik,
　　　　　Sungai Besi, 57000 Kuala Lumpur, Malaysia.
　　　　　電話：(603) 90563833　傳真：(603) 90562833

封面、版面設計／徐思文
內頁排版、插圖／徐思文
製版印刷／卡樂彩色製版印刷有限公司
2017 年 10 月 05 日 初版 1 刷、2022 年 07 月 05 日二版 1 刷　Printed in Taiwan
定價 480 元
ISBN 978-626-7008-20-1

國家圖書館出版品預行編目 (CIP) 資料

寶寶主導式離乳法 ：BLW 順應寶寶天進食法,讓孩子自然「學會吃」!/ 吉兒 . 瑞普利 (Gill Rapley)、崔西 . 穆爾凱特 (Tracey Murkett) 著 ; 陳芳智譯 . -- 二版 . -- 臺北市 : 新手父母出版 , 城邦文化事業股份有限公司出版 : 英屬蓋曼群島商家庭傳媒股份有限公司城邦分公司發行 , 2022.07
　　面 ；　公分 . -- (育兒通 ; SR0090X)
譯自 : Baby-led weaning : helping your baby to love good food
ISBN 978-626-7008-20-1(平裝)
1.CST: 育兒 2.CST: 小兒營養 3.CST: 食譜
　　　　428.3　　　　　　　　　　　111009071

322